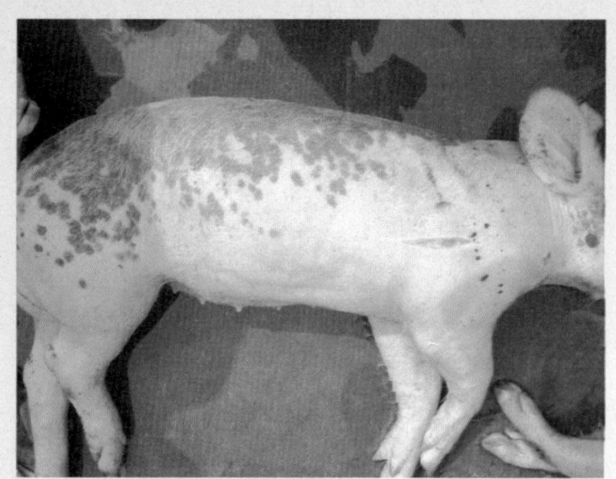

生长猪皮肤黄疸

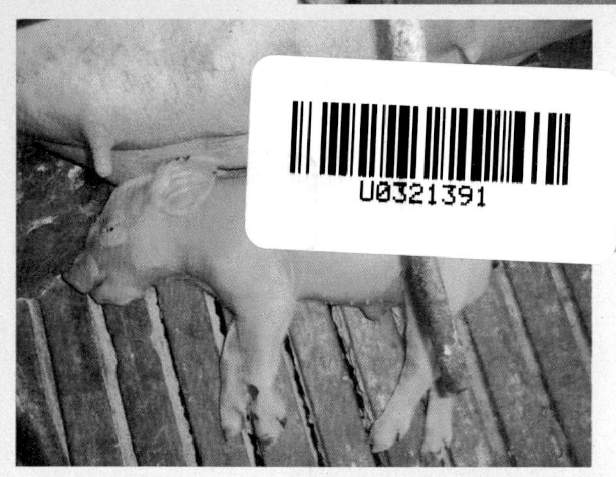

新生仔猪皮肤黄疸

背部皮肤出血点

耳部皮肤出血点

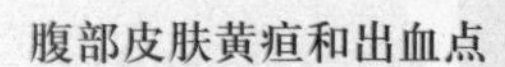

腹部皮肤黄疸和出血点

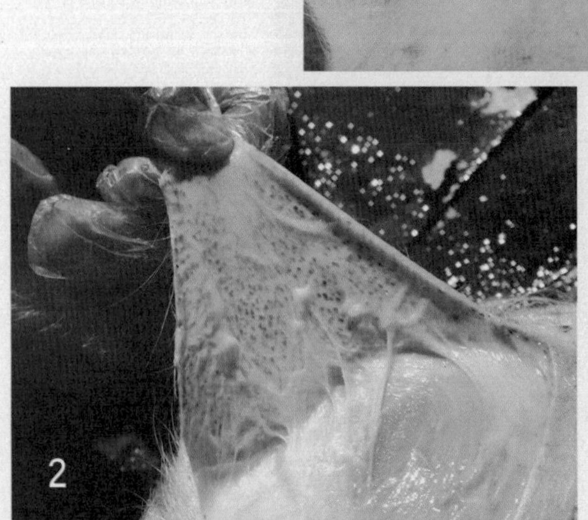

皮下出血点

皮下脂肪黄染

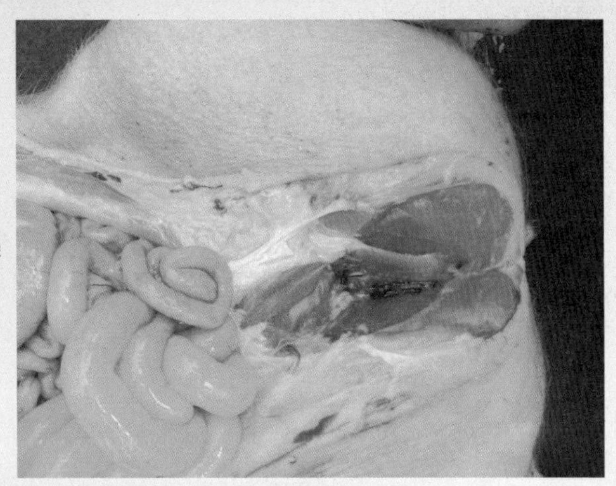

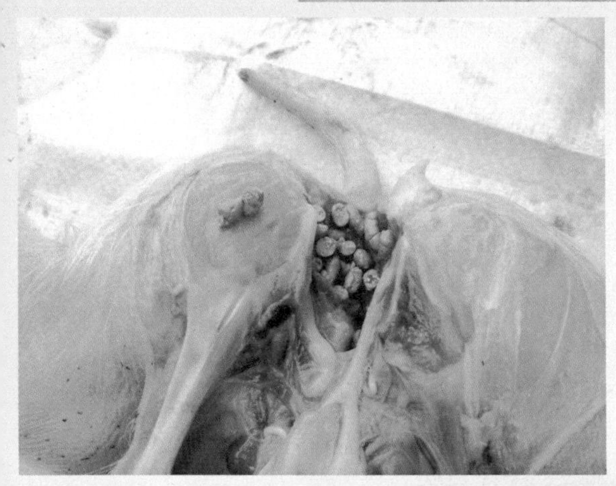

新生仔猪粪便干硬如玉米粒

母猪粪便干硬如羊粪状

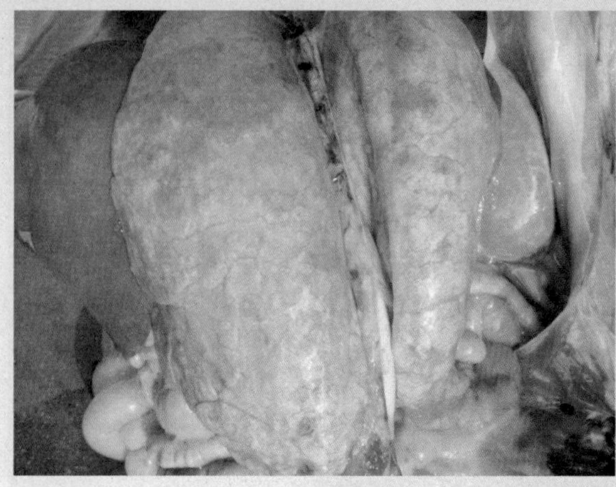

肺脏衰竭和黄染

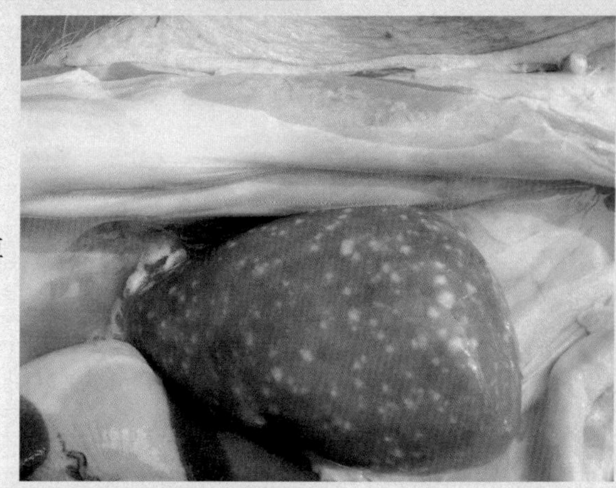

肾脏黄疸

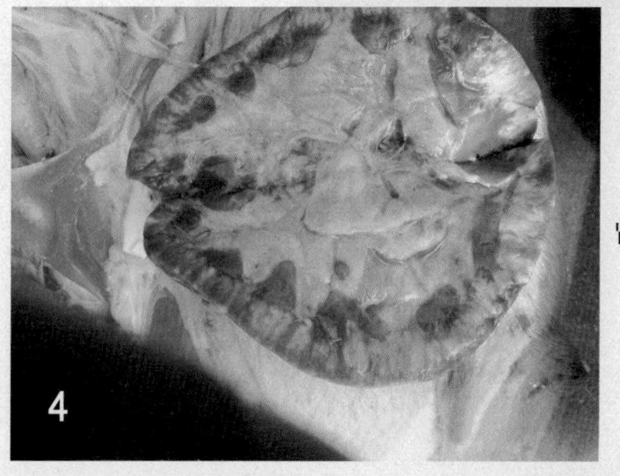

肾盂黄疸

畜禽流行病防治丛书

猪附红细胞体病及其防治

主　编
潘树德

副主编
刘宝山　李学俭

编著者
孙义和　尹荣焕　刘金玲
陈晓月　刘丽霞　董维国

金盾出版社

内 容 提 要

本书着重介绍猪附红细胞体病的病原学与生物学特性、流行病学特点、临床症状、病理变化、诊断和防治措施等。内容科学实用，语言通俗易懂，可作为指导防治猪附红细胞体病的重要参考书之一，适于广大畜牧兽医工作者、基层畜牧兽医人员和相关院校师生阅读参考。

图书在版编目(CIP)数据

猪附红细胞体病及其防治/潘树德主编．—北京：金盾出版社，2007.6

(畜禽流行病防治丛书)

ISBN 978-7-5082-4525-6

Ⅰ．猪…　Ⅱ．潘…　Ⅲ．猪病-红细胞-血液病-防治　Ⅳ．S858.28

中国版本图书馆 CIP 数据核字(2007)第 042873 号

金盾出版社出版、总发行

北京太平路 5 号(地铁万寿路站往南)

邮政编码：100036　电话：68214039　83219215

传真：68276683　网址：www.jdcbs.cn

彩色印刷：北京精彩雅恒印刷有限公司

黑白印刷：北京金盾印刷厂

装订：永胜装订厂

各地新华书店经销

开本：787×1092 1/32　印张：3.125　彩页：4　字数：65 千字

2008 年 6 月第 1 版第 2 次印刷

印数：11001—17000 册　定价：7.00 元

前言

附红细胞体最早在 1928 年由 Schilling 和 Dingen 从啮齿动物血液中发现，目前因本病原引起的附红细胞体病在许多国家和地区已广泛流行，它可感染猪、牛、羊、马、骆驼、驴、兔、猫、鼠、犬、狐、鸡等多种动物，而且还是人兽共患病。在家畜中，以猪附红细胞体病的发生最为普遍。1950 年 Splitter 首次发现猪附红细胞体病，1986 年 Puntarie 等正式描述了人类附红细胞体病，目前已有 30 多个国家和地区报告了附红细胞体的感染情况。附红细胞体的宿主范围广泛，急性发病时主要表现为贫血、黄疸、发热等症状，其中猪感染附红细胞体最为严重，可引起巨大的经济损失。近年来，在我国很多地区都有报道。另外，猪附红细胞体病呈现的临床症状与猪瘟、猪丹毒、猪繁殖与呼吸综合征、仔猪副伤寒和弓形虫病等有很多相似之处，这无疑给确诊带来一定的困难。在兽医临床工作中，对附红细胞体的检测已从简单的血液涂片镜检，发展到了应用酶联免疫吸附试验、特异聚合酶链式反应、DNA 杂交、基因芯片等技术进行准确、高效的诊断和病原定位。因此，深入全面了解猪附红细胞体病的病原学、致病机制、检测技术等方面的知识，将为制订完善的综合防治措施奠定良好的基础。

猪附红细胞体病属于人兽共患病，在临床实践中要特别注意公共卫生，防止人和健康畜禽被感染。基层兽医工作者应该有消毒无菌意识，避免通过污染的注射针头传播疾病，在治疗时应该遵循首量加倍和连续用药 4～5 天的原则。猪附红细胞体病的流行与吸血昆虫的活动有很大关系，特别在夏、秋多雨季节，要注意驱除蚊虫。猪感染附红细胞体后常与猪链球菌、大肠杆菌、弓形虫等混合感染，或表现出与猪瘟、猪丹毒、仔猪副伤寒、猪繁殖与呼吸综合征、焦虫病等相似的症状，所以需要做好综合防治和鉴别诊断。为确切定位病原，联合采用多种检测方法是必要的。

从 20 世纪 50 年代发现猪附红细胞体病到现在，已有 50 多年的历史，在此期间，本病给养猪业带来了很大的经济损失。目前，对本病的研究还存在很多问题，如附红细胞体是否有宿主特异性、命名归类是否准确、病原的繁殖和传播方式，以及病原免疫应答的分子基础、附红细胞体的体外培养、疫苗和特效治疗药物的开发等都还需要进一步研究。但随着分子技术的发展，很多前沿性的实验方法，如检测基因芯片、RNA 干扰、蛋白组学等已经逐步应用于本病的研究当中，为深入了解猪附红细胞体病病原的分子遗传、基因结构和功能等奠定了良好的基础。

本书较全面地介绍了有关猪附红细胞体病防治的理论知识，特别是对附红细胞体病的病原学、流行病学、临床症状、病理变化、防治以及附红细胞体混合感染的诊治等方面作了较详尽的介绍，书中介绍的附红细胞体感染或混合感染的疾病都是我国已有和正在发生的疾病。书中内容既有国内科技工作者研究的成果和防治经验，又吸收了国外的最新成就，是一本理论与实践并重的专著。

本书内容丰富，资料新颖，面向生产，讲求实用，科学性和可读性较强，是养猪场技术人员、养猪专业户和广大基层兽医的好帮手，也可供畜牧兽医专业的院校师生阅读参考。

由于笔者业务水平和收集的资料有限，遗漏和不当之处在所难免，敬请广大读者提出宝贵意见。

编著者

2007 年 4 月

目　录

第一章 概 述

第一节 附红细胞体病的起源与发现

附红细胞体病是由血液寄生物——附红细胞体(Eperythrozoon,EP)寄生于红细胞表面或游离于血浆、组织液和脑脊液中引起的人兽共患传染性疾病,以发热、溶血性贫血和黄疸为主要特征。本病最早发现于1928年,由英国的Schilling首次进行了报道,他在啮齿类动物血液中发现了球状附红细胞体(E. coccoides);1934年Neitz等在绵羊的红细胞周围发现有多形态的微生物,命名为绵羊附红细胞体(E. ovis);同年,Adler等在牛体内发现了球状的微生物,命名为温氏血虫体(Wenyoni);与此同时,Kinsely等揭示了猪的类鞭虫科微生物所引起的疾病就是附红细胞体病;1938年Lzes等首次发现在啮齿动物间可以传播附红细胞体,并在1942年对Granamnelle、Haeroubtonella和Eperythrogo等3种病原在小型啮齿动物体内的感染状况进行了研究。随后有许多国家和地区相继在绵羊、马、牛、猪、猫、兔、犬等多种动物和人类的血液中发现有附红细胞体的存在。在我国,20世纪80年代起对附红细胞体的研究报道开始增多,晋希民于1981年首次在家兔体内发现兔附红细胞体,主要呈隐性感染,平均感染率可达86.53%;张汝勇等自1981年以来先后在马、驴、骡、牛、羊、猪、鸡、兔、小白鼠和人类血液中发现附红细胞体;崔君兆等也于1983年在人体内发现一种基本特征类似于附红细胞体的微生物，此后的研究证实了附红细胞体感染在人群中的存在。1986 年 Puntari 系统地描述了人附红细胞体病。目前，据文献报道，约有 30 个国家在人群和动物中检测到附红细胞体，但致病性已得到证实的只有猪附红细胞体(E. suis)、牛附红细胞体(E. wenyonii)、绵羊附红细胞体和鼠附红细胞体。

猪附红细胞体病最早于 1932 年由 Doyle 在印度发现，他首次报道了本病为“猪的一种类立克次氏体病或类微粒孢子虫病”。Splitter 和 Williamson 于 1950 年发现它与已知的附红细胞体——牛附红细胞体和绵羊附红细胞体相似，所以将其命名为猪附红细胞体。20 世纪 80 年代我国在江苏、宁夏、河北等省、自治区开始报道猪附红细胞体，许耀臣等最早在江苏省发现猪附红细胞体病；接着张汝勇于 1981 年报道宁夏回族自治区青铜峡县仔猪中附红细胞体的感染率达 95%；随后，荣景辉等于 1983 年在河北省灵寿县高热病病猪中发现猪附红细胞体；罗杏芳等于 1984 年报道广州、顺德和台山等地的猪患有本病；赵汝敏等于 1990 年在河北省乐亭县母猪和仔猪体内检出本病病原；华修国等于 1992 年在上海地区仔猪中发现本病，以后不断有猪附红细胞体病发生的报道。迄今为止，大量文献报道已表明，在我国大部分省、市都存在猪附红细胞体病，而且十分普遍，逐渐呈广泛流行趋势。从 1998 年到目前，本病的流行范围几乎遍及全国，导致仔猪贫血、生长缓慢，母猪不发情或迟发情、不孕、产死胎、流产，同时合并感染和继发感染其他病原，使疫情变得更为复杂和严重，导致生猪大批死亡，给我国养猪业造成了巨大的损失。

第二节 附红细胞体病的分布与危害

附红细胞体病为人兽共患病，不仅引起动物的发病和死亡，给畜牧业带来很大的经济损失，同时也危害人类健康。目前，本病已引起世界各国畜牧兽医界、外贸界的高度关注，同时这种人兽共患病对人类的危害也正受到医学界的注意。人感染附红细胞体以后虽然不出现临床症状，但却增加了对其他疾病的易感性，同时人感染本病后通过输血和垂直传播途径可引起其他人群和胎儿感染。随着人附红细胞体病临床病例的增多，近几年家畜附红细胞体病的暴发和流行从公共卫生的角度也引起了人们极大的重视。1992 年我国卫生部组成了全国附红细胞体流行病学调查组，对我国人畜附红细胞体病的流行情况进行了调查研究。2002 年农业部再次组织调查了动物附红细胞体病的流行情况，证明本病的发生有逐年上升的趋势，而且致病性也不断显示出来，不仅导致动物皮毛、肉、奶产量降低和繁殖率下降，而且有时还引起较为严重的临床表现甚至动物死亡。猪附红细胞体病已被广泛报道，包括北美洲、南美洲、非洲、欧洲和亚洲。目前世界各大洲的 30 多个国家和地区均有本病发生和流行，先后已有美国、南非、阿尔及利亚、肯尼亚、伊朗、法国、挪威、英国、芬兰、澳大利亚、前苏联、日本、荷兰、马达加斯加、葡萄牙、尼日利亚、西班牙、奥地利、比利时、印度、以色列、南朝鲜、新西兰、埃及、南斯拉夫、阿根廷、巴基斯坦、匈牙利、爱尔兰、德国、古巴、意大利、丹麦、捷克、莫桑比克、巴西、中国等国家和地区报道发生本病。我国从 20 世纪 80 年代开始陆续报道了绵羊、山羊、牛、马、骡、驴、猪、犬、鼠、兔、鸡、骆驼、猫、狐、貂等多种动物的附红细胞体病，证明本病在我国广泛存在，其中关于猪的报道占绝大多数。在山东、山西、宁夏、甘肃、云南、江苏、辽宁、河北、广东、陕西、内蒙古、江西、上海、浙江、广西、湖南、湖北、江西、河南、新疆、安徽、天津、北京等省、自治区、直辖市都有关于附红细胞体病的报道。近年来，我国猪附红细胞体病的发生和流行呈明显的上升趋势，有些省份为暴发性流行，尤其是对仔猪的危害更为严重，许多养猪场损失很大，给养猪业的发展造成了很大的经济损失。美国的 Splitter 早在 1950 年就阐述了猪附红细胞体病对养猪业的严重危害，注意到 2～8 月龄患病猪出现明显的溶血性黄疸和呼吸困难、虚弱等表现，体温高达 40.5℃，感染猪血液稀薄，红细胞易发生自发性凝集，血浆被染成黄疸样颜色。同时，本病的隐性感染率极高，有人认为隐性感染的动物因应激因素导致抵抗力下降时，如长途运输、饥饿、疲劳、惊恐等则出现急性发病，而且会与其他疾病并发或继发，不仅给治疗造成困难，甚至造成大批死亡。关于本病系统的病因学研究还很少，一般认为附红细胞体的发病率高而死亡率低，但也有发病率高、死亡率高的报道，尤其是在饲养管理条件差的猪场，仔猪的死亡率很高，经济损失很大。本病除引起死亡外，在猪生产的 4 个阶段均可观察到附红细胞体病的临床症状：母猪可见发情推迟、胚胎早期死亡和妊娠后期流产而导致繁殖障碍；初生仔猪贫血，轻度黄疸、衰弱；肥育猪未能实现预期增重率，而发生所谓“延迟上市综合征”；架子猪遭受应激而发生典型贫血和黄疸，从而造成饲养管理上的困难和饲料浪费，经济损失严重。

本病是否引起繁殖障碍也存在很大争议，在美国和日本等国乃至全球范围内都在仔猪和妊娠母猪血液中发现了猪附红细胞体。一些学者认为，携带猪附红细胞体的母猪在进入产房后或分娩后 3～4 天常常出现临床症状，处于急性期的母猪表现为厌食，发热高达 42℃，乳房或外阴的水肿可持续 1～3 天，这些母猪产奶量下降，缺乏母性或母性不正常。由于本病感染所引发的临床症状可持续到整个产期，所以区分附红细胞体病与产科疾病是很困难的。

Brownback (1981)也报道了在一个被感染的猪群中有 65％的母猪在断奶后 7 天内没有发情症状；Sisk 等(1980)也证实，在血清学阳性的猪群中出现了繁殖问题，如发情不正常、流产、窝产仔数少、早产、死胎、产弱仔；Schweardt 等(1986)描述了以不发情、返情形式异常的受精障碍，并且在所检查的母猪中，有高达 60％的母猪断奶至发情的时间间隔延长。然而，Zinn 和 Jesse (1983)在一次对猪附红细胞体感染对猪繁殖力和新生仔猪影响的试验中，发现猪附红细胞体感染对猪群的繁殖力没有明显的影响。RosenKrans 等(1984)发现，慢性感染的母猪和未被猪附红细胞体感染的母猪在干尸化胎儿数和初生仔猪的死亡率、平均出生重、生长率以及受精率上没有差别。实验室的对照试验也未能证实所报道的繁殖障碍是由附红细胞体病引起的。关于附红细胞体对动物机体的致病程度，华修国在 1998 年曾对人工感染附红细胞体的病犬进行了临床指标测定和病理组织学研究，结果显示本病可引起临床指标的变化和组织器官的广泛损伤；张守发等曾对自然感染附红细胞体的病犬进行了感染情况调查和临床观察，结果显示本病可引起临床指标的明显变化，也充分说明了附红细胞体对犬具有较强的致病力。目前，附红细胞体具有致病性已有大量文献报道，但对致病程度说法不一。关于附红细胞体的感染率也有许多报道，据颉耀菊等报道人的感染率达 94.07％；刘兴发等报道人的阳性率最高可达 86.31％；

各种动物的附红细胞体感染率极高，马海利等报道猪感染率达 100%；洪鹤松等报道牛的感染率为 80%，猪的感染率为 90%；张守发等报道犬的感染率为 91.25%。虽然本病多数为隐性感染，但受到长途运输、饥饿、疲劳、惊恐、切脾等应激刺激时可导致宿主的抵抗力下降，呈急性发病而出现明显症状，并且常继发和并发其他疾病，使病情加剧甚至短期内导致死亡。曾报道过猪瘟和猪附红细胞体病、猪链球菌病和猪附红细胞体病、猪繁殖与呼吸综合征和猪附红细胞体病、猪传染性胸膜肺炎和猪附红细胞体病、猪副嗜血杆菌病和猪附红细胞体病、猪伪狂犬病和猪附红细胞体病、猪肺疫和猪附红细胞体病并发的病例，不仅导致畜产品质量和产量的降低，还导致妊娠母猪出现受胎率下降或发生流产、死胎等现象，更严重的是感染了附红细胞体病的猪免疫功能大大下降，为其他病原体的侵入打开了通道，很多猪场因此损失惨重，所以目前猪的附红细胞体病已越来越引起我国养猪者的重视。

第三节　附红细胞体病的发病机制

一、附红细胞体与红细胞的关系

维持红细胞形状的主要支架是组成红细胞的均质状胶体复合物分子成分。红细胞的直径如果大于 9 微米称为大红细胞，直径小于 6 微米则称小红细胞。正常形态的红细胞在扫描电镜下极易识别，表面光滑，呈均质状。红细胞膜是一种脂蛋白复合物，能阻止胶体物质外溢，对钾离子和钠离子的通透性有选择性，允许水、电解质和某些糖类透过，但血红蛋白不能透过。附红细胞体经一定传播途径进入动物机体后，主要寄生在骨髓和周围血液中，呈潜伏状态，只有在一定条件下才表现贫血、黄疸、发热等一系列临床症状。其发育过程经过3个阶段，即未成熟、幼稚和成熟阶段，成熟的附红细胞体上芽生出小的未成熟的附红细胞体，小的未成熟的附红细胞体吸附到同一红细胞的邻近膜上或另一个未吸附附红细胞体的红细胞上，然后继续生长繁殖。附红细胞体与红细胞有亲和性，这种亲和性是靠红细胞本身的静电力和黏着力实现的，起到聚集虫体的作用，为巨嗜细胞吞噬小体创造了条件。

小的未成熟的附红细胞体与红细胞相互作用，不会引起红细胞膜的变化，但随着附红细胞体的发育，使红细胞膜内陷形成凹陷和空洞，改变了红细胞膜的结构和形状，这些变形的红细胞经过脾脏、淋巴结时会被清除。在正常情况下，机体拥有功能健全的防御系统，宿主和附红细胞体之间保持一种平衡状态，附红细胞体在血液中保持相当低的水平。但当机体受到强烈应激时，机体抵抗力降低，附红细胞体大量繁殖，使变形的红细胞数量增多，这样一方面由于大量变形的红细胞被机体清除而引起贫血；另一方面由于被激活的血管内血凝固以及持续性血凝固的病理作用，出血的可能性会增加，因为受感染的红细胞数量越多，促凝血时间延长和血栓数量增加就越明显，因此血凝系统和血管通透性的改变是形成出血的关键。

二、附红细胞体引起红细胞膜改变

附红细胞体改变了红细胞膜的通透性和结构，导致血浆蛋白流入而使红细胞肿胀、破裂，发生溶血或水和钾离子的丧失，钠离子的过量摄入和三磷酸腺苷（ATP）过度消耗，使红细胞皱褶、变形。同时，寄生有附红细胞体的红细胞局部膨胀，这与 Hendserson 等报道的附红细胞体引起的猪巨幼红细胞性贫血时发生的红细胞体积局部增大相似。可见，红细胞极度变形，其可塑性和表面弹性丧失，极易破裂，释放血红蛋白，导致贫血、黄疸。

近年来的研究认为，红细胞能够参与免疫调节，动物一旦感染附红细胞体病后，免疫功能下降，感染增加，有时虽然不一定表现临床症状，但在机体抵抗力下降或处于应激时猪附红细胞体感染率会上升，当感染的红细胞比例达到一定程度后就会引起发病。附红细胞体和红细胞膜的相互作用最终导致严重的膜变形，或暴露出修饰后的抗原，这最终导致被寄生的红细胞从系统中被清除。电镜观察也证明附红细胞体的附着使红细胞膜变形、内陷而发生溶血。附红细胞体附着于红细胞上，红细胞膜的通透性和脆性增加，红细胞易于溶解和破裂，从而导致被遮蔽的抗原暴露出来或者已有抗原发生变化，从而被自身免疫系统视为异物。在急性阶段，由于被激活的血管内凝血以及持续的消耗性血液凝固作用，使后期凝血时间延长，血栓的数量增加，出血倾向增加，因而附红细胞体急性感染可导致严重血液凝固障碍并引起出血，但仅携带附红细胞体对凝血没有影响。猪附红细胞体感染不仅可改变红细胞表面结构，致使其变形和膜抗原发生改变，被自身免疫系统视为异物，导致自身免疫溶血性贫血。由病原引起变形的红细胞经过脾脏时会被清除，并发生溶血。在急性阶段可发生广泛性的溶血性贫血。红细胞形状的变化会影响其流动性和对渗透的抵抗。附红细胞体进入动物体内后，寄生于红细胞表面上，可改变红细胞膜的结构和通透性，导致膜凹陷和空洞。附红细胞体还可由红细胞蔓延到血浆和骨髓中，从而侵袭、分解和溶解红细胞，导致机体贫血、黄疸、发热、代谢紊乱、酸碱平衡失调和低血糖。查红波等认为，在猪附红细胞体和红细胞膜相互作用的过程中，猪附红细胞体的附着使细胞膜变形、内陷，改变细胞膜结构，从而导致被遮蔽的抗原暴露出来或已有抗原发生变化，这些抗原释放到血液中，被自身免疫系统视为异物，刺激免疫应答反应和网状内皮系统增生，使附红细胞体寄生的红细胞受到破坏，而发生溶血，引起自身免疫溶血性贫血。贫血可以刺激造血器官，补偿性的血细胞迅速增殖，出现网织红细胞增多，多伴发巨红细胞症、红细胞大小不均匀、多染细胞增多和有核细胞出现。Heinntzi K 也认为猪急性附红细胞体病导致渗透脆性增加，附红细胞体感染带来红细胞膜结构改变，损伤细胞膜。附红细胞体使红细胞膜抗原发生改变，被自身免疫系统视为异物，导致自身免疫溶血性贫血。附红细胞体吸附红细胞后，细胞膜的通透性增加和膜的脆性增加，红细胞易于溶解和破裂，从而导致被遮蔽的抗原暴露出来或者已有抗原发生变化，致使被自身免疫系统视为异物。

三、附红细胞体冷凝素的作用

附红细胞体附着在红细胞膜上后，机体产生自身抗体即 M 型冷凝素，并攻击被感染动物的红细胞而发生溶血。M 型冷凝素也会导致 H 型变态反应，进一步引起红细胞的免疫性溶解，使红细胞数量减少，血红蛋白降低，导致机体出现贫血。冷凝素是否沉积于红细胞表面并引起红细胞的凝集取决于温度，在较高温度下，这种冷凝素会从红细胞表面脱离，在 0℃时它会紧紧地附着在其表面，由于冷凝素的存在和体表温度比身体中心温度低，使外周毛细血管中形成微凝血和血栓，表现出耳尖、尾以及四肢末端、腹下等部位明显发绀。IgM 因为病原的抗原和红细胞膜上抗原的相似性而将两者聚集在一起。猪附红细胞体病发病高峰期出现后 6 天 IgM 达到一个较高的水平(1 259 微克 /毫升),12 天时达到最高水平(2 435 微克/毫升), IgM 水平与冷凝素之间显示了高度相关性,也与凝集红细胞的能力相吻合。这些实验证明随着附红细胞体感染生物体开始产生冷凝素,由于病原和红细胞抗原结构的相似性,冷凝素引起的凝集是一种温度依赖性凝集。Schmidt P 等在附红细胞体感染猪中分离到冷凝素,通过双向免疫扩散、聚丙烯胺凝胶电泳和免疫斑点显示出分离的冷凝素中仅含有 IgM 抗体,它们诱导健康动物的红细胞发生冷凝集。附红细胞体病发病时产生的冷凝素不是特异性地直接针对病原,而是针对由附红细胞体破坏的红细胞膜。

四、附红细胞体对红细胞的病理损伤和代谢活动的影响

Plank G 等研究了潜伏感染和出现明显临床症状时附红细胞体对猪血液状态的影响。在临床健康猪,脾切除会引起短暂的纤维蛋白原和血小板数量增加,潜伏感染状态时附红细胞体不带来血液系统的损伤。急性猪附红细胞体病引起出血倾向增多,人们认为是由静脉血管内凝血和后来凝血物质的消耗所引起。部分血栓和凝血酶原作用时间延长,凝血块形成的反应时间延长,且在短时期内血小板大幅度减少,这种变化与附红细胞体的感染数量有关。附红细胞体潜伏感染导致血液葡萄糖水平持续减少,感染 23 天后,血液中葡萄糖减少了 25%,但潜伏感染时其他参数没有改变。急性附红细胞体病诱导了严重的低血糖症,这是由于附红细胞体发生过程

中葡萄糖的消耗比葡萄糖的生成快，并且还会出现血液酸中毒。体外实验表明，在附红细胞体感染的猪血液中，葡萄糖的分解很迅速、乳酸增加，焦葡萄糖酸增加，二氧化碳分压增加，碱呈负平衡，乳酸与焦葡萄糖酸的比例从 11∶1 增加到 30∶1，这表明附红细胞体自身可以代谢葡萄糖。酸中毒的结果是血液中乳酸和丙酮酸含量增加，代谢化合物妨碍肺部气体交换，乳酸盐浓度增加导致代谢化合物增加和肺部气体交换平衡紊乱，所产生的呼吸化合物都可导致动物机体酸中毒，被感染的红细胞携带氧气的能力下降，影响肺脏气体交换，导致机体呼吸困难。上述指标的变化可能并非由附红细胞体机械作用引起，而是由附红细胞体产生某些具有侵袭、分解、溶解等作用的致病因子引起，故必须对其致病因子进行深入研究。急性附红细胞体感染后由于分解作用，会引起机体血浆蛋白减少，血糖下降，从而在寄生部位糖原分解超过糖原异生，进而可能导致酸碱平衡失调，局部氧分压下降，二氧化碳分压上升，乳酸与丙酮酸比例值上升，这些可能是导致动物死亡的重要原因，但还需进一步研究证实。

五、附红细胞体引起免疫抑制

研究表明，猪的红细胞具有免疫功能，不仅能识别、黏附、杀伤抗原，清除免疫复合物，而且参与机体免疫调控，本身还存在有完整的自我调控系统，是完整机体免疫系统中的一个子系统。具体机制是：红细胞具有 CR1、CR3、CD58、超氧化物歧化酶(SOD)等多种天然免疫物质，其中以 CR1 为主，红细胞通过这些免疫物质，特别是其表面的 C3b 受体(CR1 或 C3bR)发挥清除免疫复合物、促进吞噬效应细胞样作用、提呈抗原和激活补体等多项作用。当机体抵抗力低下或处于某些应激状态时，附红细胞体感染率上升，有些动物甚至表现出临床症状。当给猪接种附红细胞体后再切除其脾脏，检测其免疫反应发现，体液免疫反应变化表现在短时间的高血糖和抗附红细胞体的间接血凝滴度增高，该情况归因于免疫球蛋白M冷凝素。当寄生严重时，用植物血凝素分裂原诱发淋巴细胞增殖试验检测细胞介导的免疫反应降低，表明附红细胞体可以抑制和误导猪的免疫反应。对急性附红细胞体病患畜红细胞免疫功能的研究显示，附红细胞体侵袭红细胞的同时破坏了红细胞膜表面的C3b受体，受体数量明显减少，引起机体红细胞的免疫吸附活性降低，致使红细胞免疫功能低下。

附红细胞体感染家畜后能否激发机体免疫，血液免疫功能是否会受到影响，能否激发有效的细胞免疫与体液免疫，我国目前尚未见这方面的报道。而据国外研究表明，附红细胞体感染家畜后10天左右可查到抗体，约2个月达到高峰。抗体持续时间不一，有的可能长达12个月。体液中的抗体在防止附红细胞体感染上是有一定意义的，仔畜从母乳中可以获得抗体。Daddow等用附红细胞体感染母羊，以后用母羊奶喂养羔羊，羔羊不受羊附红细胞体感染，但这种保护不是经胎盘传递的抗体或可溶性抗原。Hung等用附红细胞体免疫的高效价血清接种绵羊，并接种附红细胞体，其结果表明，抗体上升，寄生血症下降；随着被动转移抗体降低，寄生血症上升。这充分证实体液免疫在防止附红细胞体感染中的作用，但自然感染猪体液免疫反应不明显。

Hung等证明将感染羊的淋巴细胞与非感染羊的红细胞结合，或将非感染羊的淋巴细胞与感染羊的红细胞结合，都不出现玫瑰花阳性反应。Baker等用牛附红细胞体感染牛的白细胞与植物血凝素进行转化试验，其结果表明植物血凝素(PHA)、刀豆素A(ConA)没有刺激转化率升高，而美洲商陆裂殖原(PWM)刺激指数下降。从这些报告中初步看出，附红细胞体感染后不能引起较强的细胞免疫应答。

在自然感染猪体内特异性抗体水平低下的原因主要包括以下几方面。

其一，附红细胞体在猪体内的复制过程中，不断被机体以非特异性免疫方式进行清除，但血浆中仍会持续存在附红细胞体，原因是其不断增殖，血清中存在附红细胞体而不被中和清除，持续小剂量的抗原刺激，最终导致机体对抗原的免疫耐受。

其二，由于附红细胞体存在一定的免疫逃避机制，从而不能有效刺激机体产生体液免疫，故血清中抗体滴度很低。

其三，附红细胞体能在猪血液中长期存在，又不严重引起发病，推测血液中存在一种特殊的抑制性因子可以和附红细胞体的抗原蛋白结合，从而降低其致病作用，同时也不能有效发挥抗原性。一旦机体受到应激或不利因素的刺激时，这种抑制因子便脱离抗原蛋白，从而增强病原的致病力，引起发病。这就是临床上常因管理不善、气候突变、饥饿、疲劳等情况诱发猪群发病的主要原因所在。但这种抑制因子的特性仍未查明，具体情况有待进一步研究解释。

其四，附红细胞体进入血流运送至全身各器官，导致免疫器官的病理损伤，进而导致免疫缺陷。

六、附红细胞体对内脏各器官功能的影响

(一)对心脏功能的影响　构成心肌壁的肌肉组织(其结构类似于骨骼肌)包括肌细胞、内皮细胞、周细胞、成纤维细胞和肌卫星细胞。当附红细胞体随血流进入心肌组织，刺激心

脏，过度消耗能量，加重线粒体的负担，暂时性代偿活动加强；若持续刺激，超出代偿范围，则导致线粒体基质内水分极度增多，呈水泡样变性；如果重度感染附红细胞体，刺激加剧，导致能量供求不足，肌细胞极易发生代谢障碍而导致核固缩、坏死，心脏功能衰竭，全身供血不足，营养代谢废物得不到及时清理，进而引起酸中毒。

（二）对脾脏免疫功能的影响　脾脏的主要作用是清除血液内异常的或衰老的红细胞和血小板，过滤机制主要是由于存在网状细胞和巨噬细胞的巨大网状纤维网而得以加强。曾有人将染有印度墨汁的颗粒物注入动脉血液内，就会在脾脏边缘区率先发现有碳粒的巨噬细胞，从而证明脾脏边缘有过滤异物的作用，当携带有附红细胞体的红细胞挤过静脉窦壁的裂缝时，任何坚硬的黏附物都会被静脉窦周围的巨噬细胞吞噬而消化掉，而细胞膜具有流动性，通过适当的变形作用而挤了过去，在此由于脾脏发挥其免疫功能导致部分变形红细胞和附红细胞体被当作异物清除，从而使红细胞的数量不经意地减少，这也是出现贫血的原因之一。经透射电镜观察，发现滞留于脾窦的浆细胞其内质网和核蛋白分离，内质网扩张，不利于蛋白质的合成，难以分泌抗体，这也是体液免疫反应不明显的体现和验证。

（三）对肝脏功能的影响　肝脏是体内的最大腺体，具有排泄（废弃的产物）、分泌胆汁、贮存（类脂、维生素、糖原）、合成（纤维蛋白原、球蛋白、白蛋白、凝血酶原）、吞噬（异物颗粒）、解毒（脂溶药物）、结合（毒物、类固醇激素）、脂化（游离脂肪酸脂化为三酸甘油脂）、代谢（蛋白质、碳水化合物、脂肪、血红蛋白、药物）和造血等作用。

肝脏的主要结构是肝小叶，略呈六角形，于三角区内有门静脉、肝动脉、淋巴管的分支，有1条或更多的胆小管和神经。肝细胞能从血液中吸收胆红素（胆色素），并结合胆盐、蛋白质和胆固醇以合成胆汁，附红细胞体可使肝细胞中的线粒体严重受损，使肝细胞的合成、分泌功能受阻，从血液中吸收胆色素功能下降，导致胆色素在血液中蓄积，使机体、皮肤、黏膜、浆膜和实质器官黄染。肝细胞的排列紊乱、多核肝细胞的出现是肝细胞再生的改建过程，由于挤压周围血管，使血液循环不畅通，引起肝组织缺氧，导致肝细胞变性。

（四）对肾脏泌尿功能的影响 肾脏的功能单位主要有肾小囊、肾小管和集合小管内皮细胞。基板的基膜不规则增厚，肾小囊上皮逐渐转化为上皮纤维化，是滤过功能障碍的体现。肾小球小动脉淤积大量携带有附红细胞体的红细胞，容易导致微血栓的形成，内皮细胞基膜出现电子致密斑则是机化的表现，使病理过程得以延续，出现严重的增生而最终导致泌尿功能丧失。肾小管上皮细胞核断裂、溶解，线粒体极度肿胀，导致肾小管对离子主动运输功能障碍，对由肾小管滤出的原尿重吸收功能下降，尿液潴留，得不到浓缩，导致囊泡肾的形成，从而在临床上可见肾脏松弛柔软。

（五）对淋巴结功能的影响 淋巴细胞核浓缩，染色质断裂、凝聚，作为“中央系统”不能有效地对细胞的代谢、分化与繁殖发出“指令”，从而不能调控整个细胞的各项活动。这些淋巴细胞的变性、坏死是化脓性淋巴结炎的表现。内质网是合成输出性蛋白质、分泌性蛋白质（如抗体）等的重要结构，粗面内质网的严重扩张导致功能的严重破坏，使细胞的正常代谢发生障碍，促进细胞的死亡。网状内皮细胞的损伤不能对流经的淋巴起缓冲作用，从而不利于颗粒性抗原与巨噬细胞的相互作用。由此可见，感染附红细胞体的猪其免疫功能将受到严重影响，或者因免疫器官的损伤而导致免疫缺陷,故一旦有继发感染或混合感染,猪群将出现较高的发病率和死亡率。

(六)对肺脏功能的影响 肺泡中的尘细胞,主要是经毛细血管迁移而来的单核细胞,执行吞噬异物的功能,肺泡腔中充积有红细胞,淤积的红细胞随后遭到破坏和崩解,必将影响肺部的功能。肺泡H型细胞中含有丰富的磷脂,以外倾方式排入肺泡腔,这些分泌物是肺泡表面活性物质,它降低肺泡内表面张力和阻止肺泡塌陷,以增强肺脏的呼吸功能。透射电镜观察可见,其H型细胞内含丰富的多泡小体,是代偿性肺功能增强的标志,同时也说明附红细胞体感染对肺部的功能有一定的影响。显微结构变化表现间质性肺炎、肺气肿,以后随着肺泡壁的破坏,毛细血管也消失,淋巴管受压而闭塞,以及肺泡腔的融合与扩张,是气-血屏障受损的象征。肺泡交换气体的能力下降,支气管黏膜的脱落,使黏膜-纤毛屏障受损,淋巴细胞浸润是免疫反应间接参与病变发展的前兆,最终导致肺脏的实变。

综上所述,经病理组织学研究,感染附红细胞体后,猪心脏功能衰竭、循环血量减少、组织供氧不足、营养物质代谢受阻,导致新生组织发育缓慢,影响正常机体的发育和受损组织的修复;肝脏受损,导致黄疸;肾脏重吸收功能下降,导致囊泡肾的形成;肺脏受损,为各种呼吸道病原体的进入敞开了门户。特别是免疫器官的严重受损,导致特异性免疫功能的骤然下降,对各种易感染疾病的抵抗力明显下降,故一旦患有附红细胞体病,极易感染其他疾病,从而在临床上表现混合感染或继发感染。

总之,附红细胞体病的发病机制是复杂的、多方面的,可能有繁殖侵袭性的,也可能有毒素代谢性的,还可能有免疫遗传、免疫缺陷或自家免疫性的。附红细胞体病的发生与机体本身状况有很大关系，单纯的附红细胞体感染，可能仅限在实验室人工感染无菌动物时才能见到。自然界中所发生的附红细胞体病多是与其他致病因子共同作用的结果，所以大多数病例表现为某种附红细胞体病的合并症。当机体在营养不良、微量元素缺乏、患寄生虫病或细菌性疾病、亚急性中毒和网状内皮系统功能不全的情况下，附红细胞体迅速繁殖，进入末梢血液感染机体，引起相应的临床症状和病理表现。

第四节　附红细胞体对生理生化指标的影响

动物感染附红细胞体后，常伴随生理生化指标的变化。早在1977年，Sutton就发现感染附红细胞体的绵羊血糖含量降低，同时乳酸含量相应增加。1979年Daddow的研究表明，绵羊感染附红细胞体后，血红蛋白、红细胞压积都降低；1990年Heinritzi对附红细胞体病隐性感染猪的研究表明，病猪除严重低血糖外还表现酸中毒。上海市农学院的华修国等(1998)对附红细胞体病急性患畜的血液学研究发现，患畜均有体温升高、呼吸和心跳加快，谷丙转氨酶、血清胆红素、白细胞总数呈明显上升($P<0.05$)，而血糖、红细胞压积、红细胞总数、淋巴细胞下降($P<0.05$)，其中以谷丙转氨酶、血清胆红素和血糖变化非常显著($P<0.01$)。重症猪血清胆红素和谷丙转氨酶可分别升高达30毫克/100毫升、195单位以上，而对照组猪只有0.39毫克/100毫升、46.7±1.06单位；重症猪血糖可降至30.4毫克/100毫升，对照组为89.21±12.5毫克/100毫升。2003年张守发等对犬附红细胞体病的感染情况进行了调查，并对阳性感染犬进行了部分血液生理指标的测定，结果发现，感

染附红细胞体的犬均表现出不同程度的红细胞压积、血红蛋白和红细胞总数下降，嗜酸性白细胞、淋巴细胞数略低于正常值，血清黄疸指数、白细胞总数升高，嗜中性白细胞、单核细胞有所升高。2003年董梅等对感染附红细胞体的30日龄仔猪的临床观察发现，仔猪在隐性感染阶段体温、呼吸数和心率略高于正常值，在显性感染阶段，体温、呼吸数、心率明显升高，而红细胞压积、血红蛋白、红细胞总数、嗜酸性白细胞、淋巴细胞降低，白细胞总数、嗜中性白细胞和单核细胞明显增高。晏翔宇对附红细胞体病兔的血样进行检查时，也得出了同样的结论。山西省农业大学的马海利等(2003)对附红细胞体病自然感染猪的血液流变学进行了研究，结果发现感染猪的血液黏度、红细胞聚集性和红细胞脆性增高，红细胞变形能力降低。红细胞ATPase、超氧化物歧化酶活性、E-C3bRR率和E-ICR率均有降低趋势。山西省家畜疫病防治站的韩惠瑛等(2003)报道，血清胆红素明显增加($P<0.01$)，且随着感染程度的加重有增强的趋势；尿素氮含量、谷丙转氨酶和谷草转氨酶活性显著升高($P<0.05$)；血清乳酸随着感染程度的加重而升高，又随着病程的延长而下降；超氧化物歧化酶活性随着感染程度的加重而下降，表明附红细胞体感染程度越严重，血清乳酸含量越高、血糖浓度越低，而且血清蛋白质和超氧化物歧化酶活性随附红细胞体感染严重程度的加强而下降。2004年董君艳等对180头附红细胞体自然感染犬的生理生化指标进行了测定，结果表明，病犬的血清总蛋白、白蛋白、白球比值(A/G)、乳酸脱氢酶、γ-谷氨酰转移酶和尿酸降低，血清碱性磷酸酶、总胆汁酸、肌酸激酶升高，谷草转氨酶、血钾、血钠和血钙略升高，同时还发现，附红细胞体对感染犬内、外源性凝血因子有一定影响。河北省农业大学的李清艳等(2004)也对急性附红细胞体病猪进行了血液

学研究，结果发现红细胞总数减少，红细胞压积降低，红细胞沉降率加快，RBC-CR1 花环率显著降低，外周血中 $ANAE^{+}$ T 淋巴细胞百分率明显降低，白细胞总数升高。李清艳等(2005)报道，急性附红细胞体病猪血浆一氧化氮(NO)水平明显升高，超氧化物歧化酶活性显著下降，同时丙二醛(MDA)含量增加，差异均极显著($P<0.01$)。

我们将以上研究人员的研究指标进行了汇总(表 1-1)，可以看出患有附红细胞体病的病猪，其血液指标的变化特点是血糖、红细胞压积、红细胞总数、超氧化物歧化酶等指标明显降低，白细胞总数、谷丙转氨酶、血清胆红素等指标显著上升，并有统计学意义。但目前仅凭这些指标并不能诊断附红细胞体病，而利用血液学指标判定本病，还需要做大量的工作，需要对其他疾病的血液学指标进行测定和筛选，以筛选出本病独具的特征。

以上研究表明，动物感染附红细胞体后，生理生化指标发生了明显变化，而且这种变化随着附红细胞体感染程度的加强而更为明显。因此，可以推测附红细胞体病是一种消耗性疾病，附红细胞体潜在性、渐进性的致病作用不容忽视。

表 1-1　猪附红细胞体病血液指标变化规律

血液指标	血液指标	血液指标
血　糖↓	RBC-CR1 花环率↓	谷丙转氨酶↑
红细胞压积↓	$ANAE^{+}$ T 淋巴细胞↓	谷草转氨酶↑
红细胞总数↓	红细胞 ATPase↓	尿素氮↑
淋巴细胞↓	血　沉↑	血清胆红素↑
嗜酸性细胞↓	白细胞总数↑	红细胞沉降率↑
血红蛋白↓	嗜中性细胞↑	红细胞脆性↑
超氧化物歧化酶↓	单核细胞↑	丙二醛(MDA)↑
血清蛋白↓	血清白蛋白↑	血浆一氧化氮(NO)水平↑

第二章　猪附红细胞体病的病原学与生物学特性

第一节　分　类

附红细胞体无细胞壁，由单层界膜包裹，无明显的细胞器和细胞核，是球形、卵圆形、环形、杆状等多形态的生物体，直径0.2～2微米，大小不等，无鞭毛，对青霉素类药物不敏感，但对强力霉素敏感。目前，国际上按1984年版《伯杰细菌鉴定手册》进行分类，附红细胞体属于立克次氏体目（Rickettsiaies）、无浆体科（*Anaplasmataceae*）、附红细胞体（*Eperythrozoon*）。关于附红细胞体的分类问题，国内外尚存有争议，以往认为是一种原虫，但研究证实附红细胞体是原核生物，不应属于真核的原虫类。根据其超微结构和代谢特点均与立克次氏体相似，曾被大多数学者认为属于立克次氏体，然而其无细胞壁和多形性又与柔膜体纲、支原体（霉形体）目的成员相似，而立克次氏体有细胞壁，所以有人认为它们属于支原体。在分类证据尚不充分的情况下，它们作为立克次氏体的成员被普遍接受。近年来，随着分子生物学的研究进展，如通过16SrRNA基因序列分析、DNA-DNA杂交、全DNA或基因片段限制性长度多态性（RFLP）分析以及质粒分析等技术手段，专家学者认为其分类应综合考虑如DNA相关性、16SrRNA序列、血清学资料以及生化图谱分析等方面情况。Rikihisa（1997）用免疫印迹技术分析比较了猪、大鼠、猫的附红细胞体16SrRNA基因并提出将其归于支原体。Harold Neimark等(2001)根据16SrRNA基因序列以及对这些序列的种系分析比较,认为附红细胞体与支原体属关系密切,并建议将附红细胞体分类到支原体属。陈明(2006)通过与GenBank中收录的其他动物附红细胞体、血巴通氏体、支原体和立克次氏体目的代表种的16SrRNA基因进行系统进化分析,表明这类血营养菌与柔膜体纲支原体科支原体属的成员最接近。查红波等最新报道称,近几年对附红细胞体病原的基因序列分析结果表明,附红细胞体不应属于立克次氏体,宜列入柔膜体纲支原体属。Neimark等(2001)认为应将附红细胞体改名为嗜血性支原体(Mycoplasma haemosms)。迄今已发现和命名的附红细胞体可分为绵羊附红细胞体、山羊附红细胞体(E. lirci)、牛附红细胞体(E. teganodes)、牛温氏附红细胞体、猪附红细胞体、猪小附红细胞体(E. parvum)、兔附红细胞体(E. lepus)、鼠球状附红细胞体、猫附红细胞体(E. felis)、犬附红细胞体(E. perekropovi)、鸡附红细胞体(E. gallinae)和人附红细胞体(E. humanus)等。不同种的附红细胞体都有相对的特异性,都有相应的宿主,且宿主特异性强。其中,猪附红细胞体致病力较强,牛温氏附红细胞体致病力较弱。目前,在世界范围内对附红细胞体的归属尚未取得统一意见,对根据宿主不同而分别命名的方法是否准确也有待解决。对附红细胞体是否有严格的宿主专一性,国内外也尚未有一致的看法。因此,附红细胞体的分类及各种属附红细胞体的致病性尚有待于进一步深入研究。

第二节　形态结构

在普通光学显微镜和电子显微镜下观察新鲜血片时发现猪附红细胞体是一种典型的原核生物，为多形态生物体，有球形、条形、哑铃形、卵圆形、星形、点状、杆状，大小为 0.25～1.3 微米×0.5～2.5 微米，无细胞壁，仅有单层界膜，无明显的细胞器和细胞膜，整个结构呈单层膜包被的圆盘状，常附着于红细胞表面。基本形态大体可分为 3 种，即球形、盘形、环形。未成熟的附红细胞体呈球形，幼稚附红细胞体呈盘形，成熟附红细胞体呈环形。过去将猪附红细胞体分为 2 种，即猪附红细胞体和小附红细胞体，但最近的研究表明这并不是两种致病力不同的病原，而是猪附红细胞体在成熟过程中形状和大小发生了改变。以往所谓没有致病力的小附红细胞体实际是猪附红细胞体的未成熟阶段或前体。猪附红细胞体外有一层限制性胞浆膜，在胞浆膜下有直径为 10 纳米的微管，还有许多直径为 10～20 纳米的类核糖体颗粒，无规律地分布于胞浆内，无明显的细胞器和核结构。由于附红细胞体的宿主种类多，宿主的发病阶段也不尽相同，这些原因造成所观察到的附红细胞体的形态结构有所差异，表现出多样性。有的游离于血浆中左右摇摆，前后爬行，呈翻滚或扭转等多种形式的运动。1 个红细胞上一般可附 1～15 个虫体，其中 6～7 个为多见，被附着的红细胞变成齿轮状、星芒状、菠萝状或不规则形状，由于折光关系，附红细胞体在光学显微镜下发亮。与红细胞结合紧密，主要寄生于成熟红细胞膜上，可进入红细胞内，也可自由存在于血浆中。还有人报道附红细胞体附于红细胞表面时呈镶角状，称为镶角红细胞。实验感染附红细胞体的猪红细胞用光学显微镜、透射电镜和扫描电镜进行观察，3种形态差别很大，开始是1个或几个不成熟形态的附红细胞体寄生在红细胞上，以后渐渐生长并发展至青年期和成熟期。小的不成熟形态、较大的不成熟形态、青年形态和成熟形态的附红细胞体均通过出芽来繁殖，小的不成熟形态的猪附红细胞体附着于同一红细胞的邻近膜上或没有被寄生的红细胞上。猪附红细胞体与红细胞膜紧密接触，但与红细胞膜存在一个30纳米的电子发亮区（电子透明区），在这一区域细胞膜比邻近非寄生的细胞膜厚。早期红细胞膜和小的不成熟形态的猪附红细胞体相互作用并不引起膜的畸形，但当猪附红细胞体形态扩大，猪附红细胞体最终嵌入一个深杯状凹陷的膜中。当不成熟形态的猪附红细胞体发展至青年期，在膜上形成一个可看到的浅的凹陷，成熟期的猪附红细胞体寄生于膜上时也形成类似的有很大表面积的凹陷，病原和红细胞膜间的相互作用最终导致膜的严重变形。对人附红细胞体进行观察时，在28 000倍的扫描电镜下，除观察到与上述相同的结构外，还观察到附红细胞体内分布有不均匀的、电子密度大的类核糖体颗粒；在透射电镜下发现大型的人附红细胞体上有细长的纤毛，这种纤毛可附着在红细胞膜上。附红细胞体在发育过程中，大小和形状也可以发生改变。

第三节　染色特性与运动特性

附红细胞体对苯胺色素易于着染，革兰氏染色呈阴性，姬姆萨氏染色呈紫红色，瑞氏染色呈淡蓝色。在附红细胞体轻度感染时，用吖啶黄染色可提高检出率。

据我国学者崔君兆等（1982）报道，发现感染猪血液压片中附红细胞体具有运动性，能主动进行前进、后退、扭转、滚动或上下沉浮等运动。体积较大者，活动力较弱；体积较小者，活动力较强。我国学者晋希民(1981)、许耀臣等(1982)等发现附红细胞体能在血浆中进行慢速升降和进退、多方向扭曲、伸屈等运动。一旦附红细胞体附着于红细胞后，运动停止。如在血液压片中滴入 0.1%的碘酊，也能使附红细胞体停止运动。但国外尚未见有附红细胞体运动性的报道。

第四节　培养特性

附红细胞体为红细胞专性寄生，它们靠直接分裂增殖、二分裂增殖、三分裂增殖、出芽分裂增殖等方式繁殖。在人工培养基上不能生长，也不能在血液外组织中人工培养。猪附红细胞体目前尚未在琼脂和细胞培养物中培养成功。最常用的繁殖生物体的方法是当猪发生附红细胞体病时，用被感染的全血给脾切除的猪接种并收集感染猪血，全血立即使用或冷冻起来以备后用，以获得感染性猪附红细胞体，本法费时、费力，且全血中的猪附红细胞体保存时间有限，因而本方法的应用有很大的局限性。关于附红细胞体的体外培养，Smith 等于 1999 年首次利用感染红细胞与正常红细胞按一定比例混合后培养的方法培养了猪附红细胞体，并测出猪附红细胞体能够分解培养液中的葡萄糖，产生丙酮酸。Nonaka 等于 1996 年对不同培养条件进行了初步筛选，但两者都没有进行传代培养。在我国，张守发等首次进行了牛附红细胞体的传代培养，认为用 RPMI-1640 为基础培养基，添加 40%的犊牛血清，在普通恒温箱(37℃)可进行传代培养。律祥君等(2002)将感染猪全血与健康猪全血混合后在厌氧条件下培养获得成功。体外培养的成功为进一步开展附红细胞体生物学特性的研究、筛选有效药物、制备诊断抗原和研制疫苗提供了一种有效途径。

第五节 抵抗力

附红细胞体对于干燥和化学药剂抵抗力弱，一般的消毒药均能将其杀死，如将其置于0.5%石炭酸溶液中于37℃条件下3小时即可被杀灭。对低温抵抗力极强，猪附红细胞体在经过柠檬酸钠抗凝处理的血液中置于4℃条件下可保存15天；置于冰冻凝固的血液中可存活1个月；置于脱纤血中在−30℃条件下可保存83天仍有感染力；置于加有甘油的血液中于−79℃条件下保存80天仍有感染性；冻干后可存活2天。对干燥很敏感，将附红细胞体悬液滴于玻片上，置于室温下使其自然干燥，在1分钟内将玻片上附红细胞体复溶后，一部分附红细胞体仍有活力但很弱；2分钟后玻片上的附红细胞体全部停止运动；在100℃水浴中作用30～60秒，附红细胞体即失去活性，停止运动；在56℃水浴中作用1～5分钟，附红细胞体能从红细胞表面脱落下来而游离于血浆中，运动较为活泼。对青霉素类药物不敏感，而对强力霉素、三氮脒、土霉素、砷制剂等敏感。加入0.1%的碘酊，可以立即停止运动，但不易被碘着色；在1%碘酊或5%醋酸溶液中可刺激其运动。不同浓度的革兰氏液可使附红细胞体产生不同反应，如向含有附红细胞体的血样中加入2倍量的革兰氏液时，附红细胞体附于红细胞表面，不活动；若加入血液半量的革兰氏液，附红细胞体离开红细胞，在血液中做旋转运动。5%碘液和丙种球蛋白对附红细胞体有制动作用，都能使附红细胞体运动停止，且丙种球蛋白还能使附红细胞体凝集成团。有报道指出附红细胞体可长期寄居于动物体内，病愈后的动物可终身携带。采集本病原血样时，宜用柠檬酸盐作为抗凝剂。若用乙二胺四乙酸(EDTA)作抗凝剂，易使其失去感染性；若用肝素作抗凝剂，易干扰其 PCR 检测。

第六节　分子生物学研究概况

对于附红细胞体的分子生物学研究还很少，已知最多的序列仅仅是为了便于分子分类研究的各种动物的附红细胞体 16SrRNA 基因。rRNA 广泛存在于真核和原核生物中，基因序列由可变区和高变区组成，被认为是研究微生物系统进化的最好材料(Woese，1983)。C. Woes 自 20 世纪 60 年代起花费 10 年时间分析了大量的数据，得出了利用 16SrRNA 及其类似的 RNA 基因序列来研究生物的系统发育和进化关系。核糖体小亚基 16SrRNA 基因(16SrDNA)在整个真菌界都有保守性，序列大小适中，它的序列变化与进化距离相适应。由于附红细胞体分类上的不确定性，而且还没有能够成功纯培养，所以研究附红细胞体的 16SrRNA 就非常利于其分类上的确定性。目前，已有多种动物附红细胞体的 16SrRNA 基因公布于 Genbank 上，包括牛温氏附红细胞体(Neimark，1997)、猪附红细胞体(Rikihisa，1997)、犬类附红细胞体(Inokuma，2004)、绵羊附红细胞体(Neimark，1997)、鼠类附红细胞体(Messick，1999)、美洲驼类附红细胞体(Messick，1999)等。从这些 16SrRNA 基因的数据以及系统进化树的分析表明，附红细胞体类与肺炎支原体的 16SrRNA 基因亲缘关系更为接近，而与边缘无浆体的亲缘关系较远。Messick 等

(1999)研究猪附红细胞体的16SrRNA基因与支原体属有79%～83%的同源性，而与无浆体属边缘边虫只有72%～75%的同源性。

对于猪附红细胞体基因组的研究，迄今为止仅仅有Illinois株1 436 bg的16sRNA基因片段序列和Eachary株1 374 bg的16SrRNA序列发表在序列数据库上，已在Genebank上登录6个16SrRNA序列和11个开放阅读框，但其功能未被阐明，没有已知功能基因的报道，其基因组大小也没有准确报道，因而存在着大量的未知领域急需进行研究，以便为本病的防治提供分子生物学理论基础。Messick等(2000)利用脉冲场凝胶电泳技术(PFGE)和限制性酶切分析测定了猪附红细胞体基因组，分析证实了猪附红细胞体的全基因组是环形的DNA，基因组全长约为745 kb，限制性酶切片段加起来长度范围为730～770 kb。同时，对16SrRNA基因进行了定位，通过Southern杂交表明，16SrRNA基因坐落在120 kb MLul片段，128 kb Nrul片段、25 kb SacII片段和217 kb Satl片段上，有人认为不同株的猪附红细胞体在基因组大小上有变化性。

除了16SrRNA基因外，Hoelzle等(2003)收集猪附红细胞体提取总DNA，用限制性内切酶EcoRI酶切，克隆到了1.8 kb的片段，用软件进行分析后发现该片段有11个假定的CDS (Coding sequences)，5个在有义链上，6个在反义链上，并且根据CDS推断的氨基酸序列不能与蛋白质数据库中已知的蛋白质相匹配。分析这个序列中G+C的含量为50.47%。又用1.8 kb这段片段作为探针，与EcoRI酶切后的猪附红细胞体的总DNA杂交有特异的杂交信号，证实了其确实为猪附红细胞体的基因片段。

猪附红细胞体分子生物学研究始见于1990年，Oberst等从猪附红细胞体中提取DNA，并用HindII和EcoRI限制内切酶处理，然后进行电泳分析及以P^{32}标记制成探针，证明能区别猪附红细胞体感染猪和非感染猪，且不与感染其他疾病的猪血液中的DNA发生杂交反应。他们又用噬菌体构建了猪附红细胞体DNA基因组文库，选出ksu-2克隆作为探针，并能与纯化的猪附红细胞体及其寄生的猪血样品杂交，但不与其他无关DNA杂交。1993年，Oberst R D和Gwaltney等用猪特异性DNA扩增反应，随后与附红细胞体探针（ksu-2）杂交鉴别实验感染的脾切除猪和非脾切除猪血液中猪附红细胞体的DNA，结果表明在感染24小时以内通过PCR反应扩增和DNA杂交可以检测非脾切除猪中猪附红细胞体DNA的存在。他们又用克隆的ksu-2 DNA中某一部分保守片段作为引物，进行了PCR扩增的研究与应用，结果证明这种PCR方法可灵敏地检测约1pg的猪附红细胞体DNA，并证明猪被猪附红细胞体感染后24小时即可出现PCR阳性。从样品检测结果也表明不同地理区域感染附红细胞体的猪可以用附红细胞体特异的PCR杂交方法进行鉴别，这种方法在许多方面优于传统实验室诊断猪附红细胞体感染的方法。

第七节 生活史

附红细胞体的生活史至今尚不十分清楚，但是国内外专家学者根据附红细胞体病发生的季节性，普遍认为吸血节肢动物（如蚊、牛虻、蜱、蝇等）是附红细胞体的主要传播媒介，但附红细胞体是如何在人、畜和节肢动物体内繁衍生息，还需深入研究。关于附红细胞体的增殖方式说法不一。Zachary J F

等(1985)发现猪附红细胞体是以出芽方式进行复制的。吉增福(1988)在绵羊血中发现双卵圆形体,认为是二等分裂的出芽增殖现象。Keeton 等(1973)和 Pospischil 等(1982)认为在猪体内以二等分裂方式进行增殖,猪是中间宿主,节肢动物是终末宿主。我国的许耀臣观察发现,猪附红细胞体是以裂殖体分裂为裂殖子方式进行增殖。而且,冯立明等曾在1个红细胞内发现有成百上千个附红细胞体,这样的红细胞裂解后,有可能释放出大量的附红细胞体,这种现象与许耀臣发现的裂解增殖方式比较一致。附红细胞体在发病初期至发病期很容易观察到各种形态,在病的后期和病程转为慢性时,附红细胞体从血浆和红细胞表面消失。在人工感染的绵羊中发现,附红细胞体在血液内增殖之前,在骨髓中迅速猛增。冯立明、裴标等均在骨髓涂片的红细胞上发现有大量的附红细胞体。因此,推测骨髓是附红细胞体的增殖部位,红细胞则是附红细胞体感染寄生的场所。

第三章 猪附红细胞体病的流行病学特点

第一节 流行状况与危害

附红细胞体病分布范围广，根据我国动物流行病学中心官方网站(http://www.epizoo.org)的不完全统计，本病分布于世界五大洲的30多个国家，我国在1991～2001年间除浙江、海南、四川、贵州和西藏5个省、自治区外，其他地区均有发生。附红细胞体对宿主的选择并不严格，人、牛、猪、羊、犬等多种动物的附红细胞体病在我国均有报道，实验动物小鼠、家兔也能感染。人的附红细胞体病在我国已经具有较高的感染率，尚德秋(1997)在广东、广西、甘肃和新疆等省、自治区调查了人群感染附红细胞体的情况，阳性率在28%～81.6%之间。DianMang Yang(2000)报道了内蒙古自治区人群感染附红细胞体的情况，在1 529个调查样品中，有高达35.3%的阳性率。对于附红细胞体是否具有宿主特异性还有争论，一般认为附红细胞体有宿主特异性，但在人类医学领域的大规模流行病学调查中发现，与动物接触越密切的人群感染率越高，动物之间或动物与人之间的直接接触可能发生传播，提示我们本病在兽医公共卫生学上可能具有非常重要的意义。通过伤口接触污染源或污染附红细胞体的针头引起本病的血源性传播和胎盘传播，已在临床得到证实，DianXiang Yang (2000)证实人群附红细胞体可以经由脐带从母体传播给新生儿。我们也在实验室成功地进行了腹腔接种实验,但很显然该传播途径不可能是附红细胞体病在我国发生与流行的主要途径。也有临诊证明经由消化道也可以感染附红细胞体病。

猪附红细胞体病广泛分布于世界各养猪地区。据报道,本病已在30多个国家发生,我国也已有26个省、自治区有本病发生的报道。尤其是近年来,我国集约化、规模化养猪业呈现强劲增长发展态势,随着感染的增多,本病分布日益广泛,特别是在养猪优势区或主产区。猪附红细胞体病在猪群的感染及其暴发流行,使养猪生产力水平下降,肥育猪出栏上市时间延长,死亡率增加,给养猪业带来极大的损失。同时,本病对人类健康也构成一定的威胁。由于本病的典型症状为母猪生产性能下降,仔猪体质变差、贫血、肠道和呼吸道感染增加,肥育猪发生急性溶血性贫血;慢性病例常表现为消瘦、日增重下降、饲料消耗过大、饲养成本增加,给养猪业的持续发展造成很大的经济损失,应引起高度重视。

第二节 传染源与易感动物

一般认为发病猪或带菌猪均可成为传染源,患病羊与猪有交叉感染性,老鼠可携带附红细胞体,并将其传染给猪群。

附红细胞体的易感动物很多,包括哺乳动物中的啮齿类动物和反刍类动物。牛、猪、羊、犬、猫、兔、鸡和人等都可感染(黄光红,1997)。目前根据我们的流行病学调查得知,猪、绵羊等动物的阳性率达到90%以上,但大多数为隐性感染或者不呈现典型的临床症状。不同动物之间的附红细胞体具有交叉感染性,与畜禽经常接触的学生、兽医师、饲养员的阳性率偏高。张伟清等(2003)用患有附红细胞体病的猪、犬、人血液分别感染小白鼠获得成功。在一些调查报告中表明，凡与病猪有长期接触史的人100%感染，证明附红细胞体能感染人类。王思训等(1982)用病猪内脏悬液接种小鼠，再取猪附红细胞体鼠病料接种家兔使其感染获得成功。

在美国的肯塔基州发现了一群寄生猪附红细胞体的羊驼表现为增重缓慢、厌食、躺卧不动、轻微贫血，但并不出现黄疸，机体随着寄生虫血症出现而发生低血糖，这个发现表明猪附红细胞体还可寄生于其他动物。有学者认为猪附红细胞体有种特异性，宿主特异性较强。由猪附红细胞体引起的猪附红细胞体病只见于家养猪，对野猪进行间接凝集试验(IHA)结果全为阴性，因此认为野猪不感染猪附红细胞体。

第三节 发病年龄、季节与特点

猪附红细胞体病不同年龄和品种的猪均有易感性，但多发生于仔猪、妊娠母猪以及受到高度应激的肥育猪，呈地方流行性。在生产中以仔猪的发病率和病死率较高。饲养管理不良，环境、气候恶劣或存在其他应激因素时可引起隐性病猪发病，症状加重。一般同窝中个体大的先发病，个体小的后发病，平均潜伏期为7天(3～20天)。

本病一年四季均可发病，但夏、秋季比冬、春季较易暴发流行。猪的感染主要集中在温暖、多雨且吸血昆虫繁殖孳生的6～9月份。我国通过定点、定畜群的研究发现，南方地区猪的感染率以6～8月份为最高，北方则是7月中旬至9月中旬为发病最高峰。

本病的发病特点包括以下几点。

一是混合或继发感染多见。附红细胞体主要寄生在红细胞上，使正常的红细胞被破坏、减少，导致机体抵抗力下降。因此，易于与其他疾病混合感染或继发感染。据近年来的报道表明，猪附红细胞体病易与猪链球菌病、猪瘟、猪繁殖与呼吸综合征、猪传染性胸膜肺炎等病相互混合或继发感染，是猪无名高热症的病原之一，可引起严重的败血症，造成重大的经济损失。

二是隐性感染率较高。大部分猪尤其是成年猪常呈隐性感染，或感染多为发病后的耐过者和治疗不彻底者，仅表现为轻微体温升高、被毛松散、生长迟缓或无明显临床症状，在猪只抵抗力下降，外界环境恶劣，栏舍卫生不良、潮湿，营养缺乏，过度拥挤时易引发本病。古少鹏对山西省的 10 个猪场进行调查，发现猪群感染率达 100%，这说明本病普遍隐性存在于猪场中。

第四节　传播方式

总体说来，猪附红细胞体病传播的方式包括接触性传播、血源性传播、垂直性传播和媒介昆虫传播，其中吸血昆虫中的蚊、蝇、蠓、虱、疥螨等为主要传播媒介，其次是经剪齿、阉割、打记号、断尾等外科手术器械和污染的针头传播，有人报道可以通过胎盘垂直感染。

根据本病多发生于温暖季节，尤其是吸血节肢动物大量繁殖孳生的夏、秋季与病原特性来看，目前国内外学者均趋向于认为吸血节肢动物是本病的重要传播媒介，特别是蚊和猪虱。Prullage (1993)证实埃及伊蚊和厩螫蝇可以传播猪附红细胞体。以蜱为媒介感染牛附红细胞体已有报道，也有人用虱蝇进行绵羊附红细胞体感染已获成功。有人认为哺乳仔猪发病是子宫内感染造成的，通过腹膜内和静脉注射含附红细胞体的血液，可以发生接触感染。注射针头的传播也是不可忽视的因素，因为在注射治疗或免疫接种时，同窝的猪往往用1支针头注射，有可能造成附红细胞体的人为传播。许耀臣等(2001)对病猪舍中的蚊子进行分析研究观察，并且用蚊子对健康猪进行自然接种，复制出了本病，首次在我国用实验证明了蚊虫的传播媒介作用。1995年英国的研究人员发现猪场中猪繁殖与呼吸综合征和流感暴发后常能诊断出附红细胞体病。据报道，美国在净化猪瘟之前，当有猪瘟病毒感染以及使用猪瘟弱毒疫苗以后，发生了附红细胞体病；而德国则是在猪瘟暴发之后便有附红细胞体病的发生。有些学者也发现附红细胞体病的发生与猪受到应激有直接的关系。临床上也有无虱、蚤寄生的产后不久的仔猪发生感染的实例，Berriger等认为哺乳仔猪发生本病是在母体子宫内感染所致。

一、接触性传播

目前已有一些报道表明附红细胞体可以通过这种形式传播，即人与动物或动物之间通过接触而发生的传播。在我国，周向阳(2000)报道，接触附红细胞体病患犬的2名畜牧兽医人员和1名训导员感染了本病。猪附红细胞体病的传播可通过摄食血液和含血的物质，如舔食断尾的伤口、被血污染的尿液或互相斗殴而进行直接传播。但也有人对此进行了否认，如其田三夫报道，与患羊同群的其他4只绵羊并没有感染绵羊附红细胞体病，因而对此还需要进行深入研究。

二、血源性传播

即使用被附红细胞体污染的注射器、针头进行注射时发生感染，或使用被污染的手术器具、阉割工具、断尾或打耳号器械、剪毛工具等时造成本病传播，也有通过输血和人工授精传播本病的报道。自然交配过程中的偶尔出血也可传播此病，但在交配时只有公猪将被血污染的精液留在母猪阴道内才可能发生传染。

三、垂直传播

当母体感染附红细胞体时，会在妊娠期和分娩过程中将病原体传播给胎儿。古巴、法国、德国和尼日利亚等国学者都认为进口种畜时可明显传播本病。刘兴发等研究表明鸡的附红细胞体感染不能通过卵垂直传播，奶牛和猪可以经过胎盘途径垂直传播，他们认为胎生动物的垂直传播是其感染的途径之一，卵生动物的附红细胞体不能经过卵垂直传播给后代。带虫母猪可通过胎盘传给后代，这种垂直传播方式已从新生儿的脐血和心血检出附红细胞体而得以确认。感染附红细胞体病的妊娠母猪可通过胎盘感染胎儿，引起流产，产下的仔猪也可感染本病。

四、媒介传播

附红细胞体的生活史至今尚不十分清楚，节肢动物如疥螨、虱、蝇、蚊、蜱、蠓等能够携带附红细胞体传染给猪，国内外学者报道附红细胞体发生的季节性，认为吸血节肢动物蚊、蝇、虱和疥螨等是本病的主要传播媒介，这是目前公认的一种最为主要的传播方式。

第四章　猪附红细胞体病的临床症状

猪附红细胞体病又称红皮病。未患其他疾病的猪感染附红细胞体后一般呈现亚临床症状，严重者表现进行性贫血、高热以及由于贫血引起的苍白、黄疸、消瘦等症状。常以红细胞减少、血红蛋白浓度和红细胞压积降低、白细胞增高以及不同程度的黄疸、贫血、发热为共同临床特征。猪感染附红细胞体的潜伏期为 3～20 天，平均为 7 天，也有报道称本病病程不一，短则几天，长则数年，严重者死亡。在各个生长阶段的猪感染附红细胞体后表现不同的症状，贫血严重的猪表现厌食、反应迟钝、消化不良。本病的另一特征是菌血症，猪接种 4 天后出现菌血症，14 天感染率高达 80％，28 天后症状基本消失。

据报道，本病除了高热、贫血、黄疸、引起仔猪死亡外，在养猪生产的 4 个阶段均可观察到附红细胞体病的临床症候：发情推迟，由于胚胎早期死亡和妊娠后期流产而导致繁殖障碍；初生仔猪贫血、轻度黄疸和衰弱；肥育猪增重减慢，发生所谓的“延迟上市综合征”；架子猪遭受应激而发生典型贫血和黄疸，发病率从 10％至 60％不等，死亡率可达 90％，导致很大的经济损失。另外，增重减慢和繁殖障碍造成的经济损失也应引起重视。危害最严重的是本病能通过子宫传播，这样阳性猪场就很难得到净化，母猪感染后出现以发情周期推迟和产死胎为特征的繁殖障碍。当有并发症时，其临床症状显得更为复杂且死亡率更高。

由于本病常并发或继发其他疾患，故由本病引起的综合症状差别很大。在临床上不分年龄、品种均可感染，以哺乳仔猪和断奶仔猪多发。根据病程长短又分为三型：一是急性型，临床上少见，多表现突然死亡，死亡后口、鼻流血，全身红紫，指压不褪色，有的患猪突然瘫痪，饮食俱废，无端嘶叫或痛苦呻吟，肌肉颤抖，四肢抽搐。死亡时口、肛门排血，病程1～3天。二是亚急性型，患猪体温高达40℃～42℃，死前体温下降。初期精神委顿、食欲减退、饮水增加，而后食欲废绝，饮水量明显下降或不饮，患猪颤抖、转圈或不愿站立，离群卧地，尿少而黄。病初便秘，粪球混有黏液或黏膜，后期腹泻，有时腹泻和便秘交替出现，后期病猪耳朵、颈下、四肢下部、四肢内侧等部位皮肤呈红紫色，指压不褪色，有时身体各部位皮肤红紫连成一片，整个猪呈红色，并且毛孔都出现淡红色汗迹，所以又称为红皮猪。有的病猪两后肢出现麻痹，不能站立，卧地不起，有的病猪流涎，呼吸困难，咳嗽，眼结膜发炎。病程3～7天，或死亡或转为慢性经过。三是慢性型，患猪体温在39.5℃左右，食欲不佳，主要表现贫血和黄疸。患猪全身苍白，被毛粗乱无光泽，皮肤燥裂，层层脱落，但不痒。黄疸程度不一，皮肤和眼结膜呈淡黄色至深黄色，有时皮肤呈橘黄色，病程在15天以内的病猪眼眶、肛门或耳呈深蓝色。尿呈黄色，大便干如栗状，表面混有黑色至鲜红色血液，患此病后新生仔猪因过度贫血而死亡，断奶仔猪不能发挥最佳生长性能，肥育猪生长缓慢，出栏延迟，母猪常流产或产死胎、不发情或发情后屡配不孕，乳房肿大坚硬，公猪无明显症状，主要表现为性欲减退，精子活力低。患病猪易继发其他疾病，引起全身出现脓肿、溃疡、丘疹或结节，两眼或一侧眼结膜长期红肿、流泪，眼有灰黄色分泌物，呼吸困难，咳嗽，腹泻，病程长，最后死亡或成为僵猪。

第一节　不同年龄阶段猪的临床症状

一、哺乳仔猪的临床症状

5日龄内发病症状明显，一般7～10日龄多发，在哺乳前期，由于无法由食物中获取造血成分——铁质，因此仔猪常常会有皮肤无血色、贫血以及黄疸等症状；体温升高；眼结膜、皮肤苍白或变黄（贫血或黄疸，具有示病诊断意义）；四肢抽搐、发抖；腹泻，粪便呈深黄色或黄色，黏稠、腥臭；小部分仔猪很快死亡，大部分仔猪临死前四肢抽搐或划地，有的角弓反张，死亡率在10%～90%；部分治愈的仔猪会变成僵猪。哺乳期的仔猪在患病后多呈隐性经过，小于5日龄的猪临床表现为皮肤苍白、黄疸，1周龄后可自愈；1月龄左右的猪最初表现为贫血，后出现黄疸，生长发育不良，最后成为僵猪。如果受到其他因素的影响，病猪的抵抗力下降，也可诱发多种其他疾病，如部分猪可表现咳嗽、气喘、长时间腹泻不止、甚至大量死亡等。

二、断奶生长猪的临床症状

根据病程的长短，可分为3种类型：急性、亚急性和慢性。急性病例主要发生在仔猪，特别是被阉割后几周的仔猪最易感染。断奶仔猪一般转入保育猪舍后3～5天发病，40～60日龄为主要发病期，病程为1～3天。表现为体温升高至40.5℃～42.5℃，食欲废绝，腹泻，粪便带有黏液或血液，两后肢抬举困难，站立不稳，精神不振或沉郁，不愿走动，怕冷喜拥挤在一起。呼吸困难、咳嗽、心跳加快、突然死亡，死后病猪尸体天然孔出血或流血，全身发紫，指压褪色。亚急性病例初期临床表现为体温升高至 40℃～42℃，持续不退呈稽留热型。呼吸浅而快，心律失常，心动过速，全身症状明显。病猪精神沉郁，全身颤抖，叫声嘶哑。食欲减退甚至废绝，步态不稳，不愿行走，喜卧嗜睡，可视黏膜潮红。耳朵、颈下、胸前、腹下、四肢内侧等部位开始发红，后逐渐弥漫至全身，皮肤红紫，成为红皮猪。后期表现为可视黏膜苍白等贫血症状，皮肤可能呈轻微黄色，四肢蹄冠呈青紫色，手压不褪色。出现黄疸，营养不良。有的病猪两后肢麻痹，不能站立，卧地不起。有的病猪呼吸困难，干咳，流涎，眼结膜出现炎症。病程 3～7 天，若继发感染或混合感染其他疾病，可促使其死亡。四肢、尾特别是耳部边缘发紫，耳郭边缘甚至大部分耳郭可能发生坏死。淋巴结肿大。部分猪全身皮肤呈浅紫红色，尤其是腹部和腹下部。部分猪皮肤呈土黄色，病程再长一些且体质差的猪皮肤苍白(具有示病诊断意义)。大部分猪眼结膜发炎，严重的上下眼睑黏住使眼无法睁开。个别耳部发绀，少数猪后肢内侧和腹部有出血斑(具有示病诊断意义)。少数猪发病 10 天左右出现急性死亡，死亡时口腔出血，解剖后可见胃出血。慢性病例会引起猪消瘦、苍白，有时出现荨麻疹型或病斑型(Morbus maculosus)皮肤变态反应。体温在 39℃左右。病猪食欲减损，粪便干结并混有血样黏液，贫血和黄疸，生长缓慢。病程可长达 1～2 个月，病猪生产性能低下，严重者成为僵猪，呈消耗性体质。

三、肥育猪的临床症状

病猪精神高度沉郁，喜卧，体温达 40℃～42℃。食欲减损乃至废绝，粪便初干燥呈球状，附有黏液或血液。个别病猪便秘和腹泻交替出现。后肢站立不稳,全身颤抖,叫声嘶哑,怕冷气喘,呼吸加快,有的呈犬坐姿势。眼和口腔黏膜发病初期充血发绀或呈苍白色,尿呈棕黄色。有的猪耳下、腹下、腹股沟和四肢发红,毛孔出血,血液稀薄,后期出现黄疸。肥育猪生长发育缓慢、消瘦、易感染其他疾病,严重的病例可能发生酸中毒、低血糖等症状。贫血严重的猪表现厌食,反应迟钝,消化不良。急性感染后存活猪生长缓慢。

四、妊娠母猪的临床症状

可分为急性感染和慢性感染 2 种,急性感染的猪厌食可达 1～3 天,体温升高至 40℃～41.7℃,通常发生在分娩前的母猪,持续至分娩过后,有时母猪也会有乳房和阴部水肿的症状出现。分娩过后,母猪产奶量降低,缺乏母性,所产下的仔猪发育不良,若不进行治疗,母猪可于分娩 3 天后自然恢复至无任何症状状态。慢性感染的症状包括配种成功率降低、乏情、轻微贫血以及受胎率降低等。

五、繁殖母猪的临床症状

母猪一般在进入产房或产后 3～4 天发病,并表现泌乳不良,乳房和阴部可见水肿。妊娠母猪和哺乳母猪常呈急性感染,精神差,食欲不振,持续高热(40℃～42℃),喜卧,大部分发病猪全身皮肤发红,个别猪在中、后期皮肤黄染或苍白(具有示病诊断意义),呼吸困难,严重者衰竭而死。妊娠母猪出现流产、早产,尤其是临产母猪的流产率、早产率高,不流产的常产出死胎,有的即使产活仔,仔猪也体弱瘦小,发病率和死亡率均高。

六、种公猪和种母猪的临床症状

患本病的种公猪和种母猪可表现出一些特殊的临床症状。种公猪表现性欲下降，精液质量差，精子密度下降 20%～30%等。有的种公猪射出的精液，其副性腺液变性，导致精液过稠，无法通过普通纱布，从而降低了母猪受胎率。种母猪表现生产性能下降，产弱仔数上升，甚至产死胎、木乃伊胎；返情次数增加，受胎率下降；贫血，呼吸急促；慢性感染母猪虚弱、可视黏膜苍白、受胎率降低，发情推迟，贫血，黄疸，组织出血，消瘦，流产或产死胎等。发生继发感染或猪舍环境不良、缺食等都会加重发病，导致瘦弱母猪综合征。

第二节　不同体重仔猪的临床症状

一、体重 20 千克以下仔猪的临床症状

精神不振，体温达 40.5℃～41.9℃，喜扎堆而卧；毛粗乱，体质较差，渐进性消瘦，采食量明显减少，喜饮水或啃吃异物，后期食欲废绝；呼吸困难，咳嗽，喘气，腹泻；严重者可见腹下、耳尖、四肢末梢等处发红或发紫，甚至全身发红，指压不褪色；病程长的猪出现贫血和黄疸，最后衰竭死亡，死亡率达100%。

二、体重 20 千克以上仔猪的临床症状

表现发热，体温达 41℃以上。食欲减退或废绝，消瘦，贫血。跛行，结膜炎，腹泻。后肢、腹部和耳朵皮肤上出现圆形或不规则形的隆起，呈红色或紫色，中央为黑色的病灶，病灶

常融合成条带状和斑块状。严重的猪出现全身发红，耳朵脱皮、出血，毛孔出血，尿呈黄色或红色。发病温和者，经治疗后可康复，严重的后期因衰竭脱水而死亡，死亡率可达70%。

第三节 与其他疾病混合感染后的临床症状

一、与流行性感冒、温和型猪瘟混合感染后的临床症状

发病初期病猪厌食、喜卧、体温升高至40.5℃～42℃，喜吃青草、瓜皮或饮污水，流黏性、脓性鼻液，皮肤发红、发绀，小便赤黄，大便干结，呈腹式呼吸；部分猪可见眼有分泌物。发病中后期持续高热稽留，病重猪体温偏低，有的呕吐、磨牙，少数有血尿。皮肤苍白，腹下或四肢内侧出现紫红色斑块。个别病猪耳郭淤血，边缘上卷，有的病猪会出现恶性腹泻。濒死时部分猪四肢抽搐、口吐白沫，妊娠母猪流产或产死胎，弱胎率达75%以上，初生仔猪死亡率达90%以上。有的病猪挤压乳头可见出血，这对温和型猪瘟有极大的诊断意义。

二、与猪繁殖与呼吸综合征混合感染后的临床症状

病猪大便偏干，附有黏膜，有的粪便稀软呈灰绿色，猪只嗜睡，皮肤发红。检查体温在39.6℃～40.5℃，大部分猪眼结膜发红，眼分泌物增多，有的病猪咳嗽、流鼻涕。随着病程发展，仔猪皮肤由红色变为紫红色，耳根、臀、尾、腹部发绀，食欲废绝，体温升高达40.2℃～42℃，病猪气喘，呈较明显的腹式呼吸，腹股沟淋巴结肿大。大便干结，有的颜色较深，混有

黏膜，尿液普遍变为黄色或黄褐色。猪只消瘦，后肢无力，最后衰竭死亡。

三、与猪瘟混合感染后的临床症状

仔猪体温上升至40℃左右，眼结膜、皮肤苍白。部分仔猪耳后、四肢内侧、腹下等皮肤呈红紫色，有出血点或出血斑，气喘并排出黄色黏稠的腥臭粪便，病程2周左右，病死率较肥育猪高。肥育猪主要表现为高热稽留，食欲减损，精神沉郁，喜卧等。发病后3～5天，部分病猪的皮肤呈浅红色或苍白色，部分病猪耳后、腹下和四肢内侧的皮肤发绀并有出血点或出血斑。使用抗生素和抗病毒药物治疗后，病情稍有缓和，但停药后又复发，并排出酱红色的尿液。

四、与猪弓形虫病混合感染后的临床症状

一般突然发病，食欲废绝，腹泻，体温升高达41℃～42℃并持续不退，精神不振，站立不稳，全身颤抖，叫声嘶哑。不愿走动，怕冷、喜拥挤在一起；呈腹式呼吸和犬坐姿势，咳嗽，心跳加快；可视黏膜起初潮红，后期苍白、轻度黄疸；有的耳郭部分变为紫红色，后期全身变为紫红色或红色，有的四肢蹄冠呈青紫色且手压不褪色；一般1日至数日死亡，耐过者成为僵猪。仔猪病初食欲不振，排黄色稀便，后期粪便中带血。肥育猪发病初期食欲下降，体温升高至40℃～42℃，呈稽留热型，使用抗生素后症状减轻，食欲有所恢复，一旦停药即又复发。后期精神沉郁，食欲减退或废绝；多便秘，有时腹泻、呕吐，呼吸困难，咳嗽，腹式呼吸，个别猪只呈犬坐姿势；体表淋巴结，尤其是腹股沟淋巴结明显肿大，身体下部和耳部有淤血斑或

大面积发绀。

五、与猪圆环病毒病混合感染后的临床症状

病猪食欲减损，个别猪喜卧，皮肤发红，尿液呈茶色。病猪体温达 40℃～42℃，食欲废绝，精神不振。粪便较干，部分猪粪便呈球状。有咳嗽、气喘症状，两耳发绀，肌肉震颤，严重的后肢麻痹，粪便中带有血丝，尿色深红，眼睑发青、水肿，被毛无光泽，猪体消瘦。

六、与猪轮状病毒病混合感染后的临床症状

病仔猪高热，精神沉郁，食欲不振或废绝，不能站立，可视黏膜苍白，黄疸；耳尖放血稀薄，耳背有紫红色斑块，指压不褪色。腹泻，粪便呈水样或糊状，色黄白或暗黑。个别仔猪皮肤有黄豆大小的紫斑，上有糠麸状鳞片；两耳发绀呈蓝紫色，耳尖及耳边变干，呈干性坏死皲裂，偶有腹泻与便秘交替发生。

七、与猪圆环病毒病、猪繁殖与呼吸综合征、猪链球菌病混合感染后的临床症状

患猪精神沉郁，体温达 40℃～42℃，食欲减少，嗜睡，呼吸加快，体表淋巴结肿大，少数猪腹泻，关节肿大，不愿站立或行走。后期病猪全身黄疸，排茶色尿液和酱油色粪便，病程 1～7 天。

八、与副嗜血杆菌病混合感染后的临床症状

病猪大多呈急性经过，体温升高，达 40℃～42℃，呈稽留热型；病猪精神沉郁，皮肤发红，食欲减退或废绝；鼻塞、流鼻液，咳嗽、呼吸困难、眼结膜潮红；病猪常挤卧在一起，不愿走动，同时出现寒战、抽搐；粪便干燥或腹泻，尿液呈茶色或酱油色；后期病猪可视黏膜苍白、黄染，出现共济失调，耳尖、腹下等处出现紫红色，最后因衰竭而死亡。

第四节　继发其他疾病后的临床症状

一、继发链球菌病的临床症状

病猪精神沉郁，嗜睡，食欲减退或废绝；体温超过 40.5℃；有的病猪全身苍白，有贫血症状；关节肿大，甚至高度跛行，站立困难或后肢瘫痪；皮肤发红，特别是耳尖、四肢内侧、腹部和背部发红，指压不褪色。还有个别猪有神经症状，呈犬坐姿势；少数呈败血症症状，鼻腔流脓，眼结膜潮红、流泪等。

二、继发猪肺疫的临床症状

病猪表现精神沉郁，食欲减退或废绝，全身衰竭，卧地不起，呼吸困难。有些病猪呈犬坐姿势，伸展头颈呼吸，口、鼻腔流出泡沫状液体，眼结膜、口腔和鼻腔黏膜苍白、黄染，体温升高至 41℃～42℃。双侧或单侧耳朵尖部和四肢末端淤血、发绀，腹部和四肢内侧皮肤有出血点或出血斑。

三、继发猪传染性胸膜肺炎的临床症状

全群病猪食欲不振，个别猪食欲废绝。两耳发紫，皮色发暗，多数病猪体温偏高，咳嗽深长，呼吸紧张，张口伸舌，有的呈犬坐姿势或站而不卧，多数粪便干燥如栗。

四、继发猪支原体肺炎的临床症状

病猪呼吸较急促，偶有不明显的气喘，在喂食时出现痉挛性阵咳，甚至呕吐，口、鼻流出少量泡沫。大部分猪只体温升高并不明显，体温升高的猪只出现以下症状：体温高达 40℃，高热稽留不退，食欲减退，日渐消瘦；皮肤发红，从毛孔中渗出铁锈色脓状物；眼结膜潮红，有轻度结膜炎，眼角有酱油色分泌物，部分有轻微黄染，眼睑水肿发青；前肢水肿，个别猪后肢不能站立；尿液发黄或发红，粪便干硬，外包黏液，并附有肠黏膜。

第五章　猪附红细胞体病的病理变化

剖检变化表现为血液稀薄，凝固障碍，血液稀薄如水样，凝固不良；血凝延迟，血清析出较多；皮下组织干燥，或为黄色胶冻样浸润；全身淋巴结髓样肿大，切面外翻，有液体渗出；颌下、肺门、膈淋巴结肿胀多汁，呈土黄色，切面流出淡黄色汁液，有的呈紫红色或灰褐色。腹股沟淋巴结出血水肿；皮下组织和肌肉呈胶冻样浸润；肝脏肿大呈土黄色或黄棕色，质地脆弱，常有出血点或点状坏死，显微镜下可见肝实质脂肪变性，肝小叶中心性坏死，严重病例肝组织内有含铁血黄素沉着，汇管区内小胆管扩张并充满胆汁，有的肝实质内可见淋巴细胞和单核细胞浸润；胆囊肿大，胆汁浓稠呈黄色或墨绿色，胆囊黏膜上有出血点；脾脏肿大充血，呈蓝灰色，有暗红色出血点，边缘不整齐，有粟粒大的丘疹样结节，质地变软，被膜上常有大小不等的暗红色或鲜红色出血点，脾小体中央动脉扩张、充血或出血，滤泡增生，淋巴细胞和网状内皮细胞增多，少数病例可见滤泡内纤维素增生，滤泡结构消失；心肌苍白松软、坏死，有少量针尖大出血点，心外膜上有小出血点，心包积液，心包内有较多淡红色液体，心外膜和心脏冠状沟脂肪轻度黄染；肺脏有的充血或出血，还有的表现严重水肿，切开肺组织即流出水样液体；胸腔和心包有积液；肾脏表面有出血斑或坏死灶，肿胀，质地脆，皮质与髓质界线不清，局部有淤血；膀胱色淡，其壁有少量出血点，黏膜黄染，并有微细出血点；胃黏膜可有轻度充血或出血；肠道出血，内容物稀薄、色黄，严重病例可发生小肠黏膜脱落，结肠、直肠黏膜上有粟粒大小、深陷的溃疡；若混合感染其他疾病时，则可见到相应的病理变化。

第一节　与圆环病毒病混合感染时的病理变化

病猪体表淤血，皮肤与可视黏膜黄染。血液稀薄，颜色变淡，凝固不良。皮下组织水肿，多数有胸水、腹水、心包积液。

全身淋巴结肿大，特别是腹股沟淋巴结、肠系膜淋巴结、气管与支气管淋巴结和下颌淋巴结肿大至原来大小的2～5倍，有时可达10倍以上。淋巴结切面硬度增大，呈均匀的苍白色，集合淋巴小结也发生肿大，切面有灰白色坏死点或出血斑点。

肺脏淤血、肿大，有散在、大而隆起橡皮状的硬块，出现黄褐色斑点散布于肺脏表面。严重病例出现出血，部分病例肺尖叶和心叶萎缩或实变。

肾脏肿大，色变淡，有的有出血点，表面或切面皮质部有大小不等的灰白斑点（白斑肾）。膀胱内有带血的黄色尿液，其壁有少量出血点。

脾脏肿大呈暗红色，表面有米粒大凸起的小出血点。有的脾脏中度肿大，呈肉样变。

肝脏轻度肿胀，被膜下出现白色坏死灶。有时胆囊缩小，胆汁呈棕黄色。

胸腔和心包积液，出现继发和并发感染。

胃、食管部黏膜水肿和非出血性溃疡，肠道尤其是回肠和结肠段肠壁变薄，肠管内液体充盈。

第二节　与猪流行性感冒、温和型猪瘟混合感染时的病理变化

主要为肺门淋巴结、肠系膜淋巴结充血、肿胀；扁桃体、腹股沟淋巴结略肿。肺脏心叶、尖叶颜色呈深红色，心叶、膈叶充满泡沫，呈大叶性肺炎症状。心内膜有散在出血点，部分病猪心包积液，并有腹水。肝脏肿大，脾脏边缘有出血性梗死。回盲口和盲肠有纽扣状纤维素性坏死灶。喉头有散在出血点。膀胱积液并有出血点，多数肾脏色黄，肾包膜下有点状出血（肾脏的病变对猪瘟有诊断意义）。放血可见血液稀薄，病猪前期皮肤有黄染，后期皮肤多数苍白。

第三节　与猪繁殖与呼吸综合征混合感染时的病理变化

可见猪只血液稀薄，黏膜和浆膜黄染；口、鼻有血色泡沫状分泌物流出。耳、臀、腹、四肢呈蓝紫色，眼圈、肛门和尾根呈蓝紫色。肺脏呈大理石样变，有的表面有结节状增生和坏死性水肿。切开肺组织，切面多汁，气管、支气管内充满泡沫状、出血性黏液及黏膜渗出物。胸腔积液，心包积液，心脏表面有出血点。肝脏肿大呈黄棕色。脾脏肿大。胆囊膨大充满浓稠明胶样胆汁。肾脏包膜易剥离，表面有针尖大出血点。病死猪的颌下、肺门、肠系膜、腹股沟等部位的淋巴结明显肿胀、出血，胃黏膜层充血。

第四节　与猪瘟混合感染时的病理变化

一、仔猪的病理变化

主要是心冠脂肪、心尖有出血点，心肌柔软无力，胸腔积水；肺部发生肉样变，部分出现气肿；肝脏肿大发黑，有白色坏死点；脾脏肿大淤血，有出血点，周边有类似楔形的梗死灶；肾脏布满出血点，切开后可见肾小管内充满尿酸盐；肠道充血出血；淋巴结肿大出血，切面周边出血，有的呈大理石状。

二、肥育猪的病理变化

主要是全身各脏器均有不同程度的出血点。全身淋巴结肿大呈紫红色，切面周边出血或大理石样；喉头有黏液并有少量出血点；胃底部有出血点；肠管有出血现象，小肠管壁增厚，黏膜充血、出血，回肠末端、盲肠和结肠黏膜上有典型的纽扣状坏死和溃疡变化；膀胱内壁出血并充满大量酱红色尿液和结晶。

第五节　与猪弓形虫病混合感染时的病理变化

多数病猪下肢和下腹部呈紫红色。肺脏肿大，有大面积淤血或伴发胸膜炎，切面流出泡沫样液体。肌肉色淡或苍白，血液稀薄，血凝延迟，血清析出较多。肝脏肿大呈大理石变或肉样变，质脆松软，呈土黄色，表面有灰白色坏死灶。胆囊膨大，充满浓稠明胶样胆汁。脾脏不同程度的肿大变软，色黑。

心冠脂肪黄染,有出血点或水肿,心肌松软,颜色变淡。肾脏肿大,表面有针尖大的出血点或灰白色坏死点,切开后可见肾盂积水,肾髓质严重出血。膀胱壁有针尖大的出血点。胸腔、腹腔积液,肠道内有大量出血斑块,盲肠、结肠有散在的小米或高粱米大的中心凹陷的溃疡,其表面附有灰黄色伪膜。

第六节　与猪链球菌病混合感染时的病理变化

血液稀薄,凝固不良;全身淋巴结肿大,肠系膜、腹股沟等处淋巴结发紫,切面多汁,肾门、肝门等处淋巴结呈褐色,切面多汁;有的关节腔内滑液增多呈淡黄色;口角和鼻孔有泡沫状液体溢出;鼻腔、喉和气管内充满泡沫,并有血丝;两肺病变部位质地较硬,尖叶和心叶呈紫褐色,有大小不等的紫红色坏死灶,切面呈大理石状;有的肾脏显著肿大(2～3 倍),呈紫褐色,肾实质充血;喉头、胃、肠黏膜和膀胱等处有充血状出血;胃肠空虚,黏膜脱落,内有气体,表现卡他性炎症。

第六章 猪附红细胞体病的诊断

猪群中流行的常见病可使猪附红细胞体感染的诊断变得很困难。实验显示猪附红细胞体的潜伏感染引起在红细胞和白细胞计数方面、在葡萄糖和酸碱平衡方面差异明显，且导致血清学上可测定的免疫反应，但这只能作为群体诊断的基础。目前，还不清楚猪附红细胞体感染到什么程度后可作为诱发其他疾病的因素，但人们认为附红细胞体可作为一个基础感染而导致广泛的感染性疾病。

第一节 流行病学诊断

本病的传染源为病猪和隐性病猪，经消化道、血液和胎盘传播，一年四季均可发生，但春、秋季气候多变、夏季蚊虫叮咬等常为发病诱因。

本病潜伏期人工接种时为 48～76 小时，自然感染时为 2～30 天不等。发热初期体温升高，可达 40℃～42℃，呈稽留热型，中、后期体温降至正常或平均值以下。发热初期，可视黏膜潮红、充血，有出血点，中、后期苍白、黄染。初、中期皮肤有出血点，中、后期腿内侧、腹下、臀部、耳部有淤血，有“红皮症”表现。初期眼睑水肿，中、后期耳部、颈下、腹下可见到水肿。心功能紊乱，初期常可听到心搏动亢进，第一心音增强，心音混浊，中、后期心律失常，缩期杂音，心音衰弱，脉搏增数。病猪精神沉郁，食欲大减、继之废绝，很快消瘦。体表淋巴结肿大，后躯无力，步样不稳，中、后期呈犬坐姿势或横卧。初期尿量增多，中、后期有血尿。粪便初稀薄、腥臭，腹泻与便秘交替出现，中、后期粪便混有血液和黏液。发病妊娠猪可发生流产或胎儿、初生仔畜死亡。整个病程因发病猪种类和发病日龄不同从30分钟至30天不等。

病猪血液呈水样，不黏附试管壁。将收集在含抗凝剂试管中的血液冷却至室温后倒出来，可见试管壁有粒状的微凝血，这是猪附红细胞体病所特有的。当将血液加热至38℃时，这种现象几乎消失。发病初期红细胞为700万个/毫米^3，中期为500万个/毫米^3，后期为200万个/毫米^3，经治疗恢复20～30天后可达700万个/毫米^3。

发病初期白细胞为1.8万个/毫米^3，中期为2.5万个/毫米^3，后期为4.5万个/毫米^3，经治疗恢复20～30天后达1.5万个/毫米^3；淋巴细胞占70%，分叶白细胞占20%，杆状白细胞占5%，碱性粒细胞占5%，治愈后可逐渐转为正常值。

第二节　病理剖检诊断

以皮肤、黏膜、皮下脂肪苍白、黄染，淋巴结髓样肿大为主要变化。

根据流行病学、临床症状、病理变化和从血液检出附红细胞体即可作出初步诊断的。需要注意的是，虽然猪附红细胞体病发病率比较高，但并不是查到病原体就是病猪，因为大部分感染猪并不表现任何临床症状，只有在发生应激反应（过度拥挤、气候突变、换料、转群等）或免疫抑制病感染的情况下，才会引发本病。因此，在诊断时最好将流行病学、临床症状、病理变化和病原的检验结合起来，要与营养性贫血、其他传染因素和中毒等导致的黄疸性贫血相区别。

对附红细胞体病的诊断，目前最实用的方法是形态学诊断方法，包括血液涂片染色镜检和直接镜检方法，即采取末梢血液制成血液滴片，直接观察附红细胞体。镜检应当与临床症状和病理变化相联系才能对该病进行确诊。

作为定性依据的血清学试验主要有补体结合试验(CF)、荧光抗体试验(IHA)、间接血凝试验(ELISA)、酶联免疫吸附试验。但血清学阴性的猪可能是病原携带者，并且在进行血液接触时可将病原传播给其他猪。用血清学方法不仅可用于诊断，还可以进行流行病学调查和疾病检测。

第三节 实验室诊断

一、鲜血悬滴镜检

鲜血悬滴镜检较为直观，对仪器设备要求不高，是目前诊断附红细胞体病的一种主要方法。其操作也十分简单，取患猪耳背血管采集血样后抗凝(0.3%枸橼酸钠液)。采集病原血样时，宜用柠檬酸盐作抗凝剂，若用乙二胺四乙酸作为抗凝剂，易使其失去感染性；若用肝素作为抗凝剂，易干扰聚合酶链式反应(PCR)检测。检测时滴 1 滴于凹玻片载玻片上，加等量的生理盐水稀释，在 400 倍显微镜或 1 000 倍油镜下观察，红细胞呈淡灰色，附红细胞体发出绿色亮光。附红细胞体以新月状和杆状为主，附着于红细胞的边缘，少数呈点状位于红细胞的边缘或中央。即使附红细胞体数量较少时，在暗淡视野中发出绿色亮光的附红细胞体也极易被发现。

需要注意的是本法适合于急性发作期附红细胞体的检出，但当患病早期症状不明显，或已出现较严重贫血症状时且红细胞和附红细胞体均遭到破坏时不易检出。本方法所需设备简单，检查费用低，技术要求不高，适于临床推广。

二、浓集法镜检

采集抗凝血 1 毫升加 2 倍 1%盐酸溶液(HCl)，溶血后 500 转/分离心 5 分钟，取上清液 2 500 转/分离心 10 分钟，沉淀后用杜氏磷酸盐缓冲液(PBS)洗涤、离心 3 次后与 0.5 毫升杜氏磷酸盐缓冲液稀释，涂片镜检，发现附红细胞体者为阳性。本方法检出率较直接涂片方法高。

三、血涂片染色镜检

本方法对血片的制作和染色要求很高，涂片上的红细胞不能重叠，而且染色时也不能有任何的杂质污染。通过观察感染的红细胞数和每个红细胞上所附着的附红细胞体的数量，从而客观地判断机体的感染程度。附红细胞体染色的镜检形状与鲜血悬滴的镜检情况相同，但染色时要注意区分附红细胞体与染料沉淀物的区别。附红细胞体血涂片对各类染色均易着色，染色法包括姬姆萨氏染色法、瑞氏染色法、姬姆萨氏瑞氏混染以及吖啶橙染色法，这些方法中除吖啶橙染色要求较高的试验室设备外，其他染色方法快速、简便，便于临床初步诊断。

判定标准是：瑞氏染色、姬姆萨氏染色后在高倍显微镜或油镜下检查，检查 20 个视野，发现附红细胞体者为阳性，未发现者为阴性。光学显微镜检查的阳性判断标准是：在 1 000 倍油镜下观察 20 个视野，如果附有附红细胞体的红细胞占全部红细胞的 10%以下判为“＋”，10%～50%判为“＋＋”，50%～75%判为“＋＋＋”，75%以上判为“＋＋＋＋”，20 个视野均未见附红细胞体则判为阴性。

吖啶橙染色为血营养菌血液检查较敏感的方法。经过此法染色后，血营养菌呈典型的黄绿色荧光反应。吖啶橙染色在荧光显微镜下可见各种形状的附红细胞体单体，通过几种染色法对附红细胞体染色结果的比较表明，认为吖啶橙染色法的检出率最高。但吖啶橙染色时核仁和核碎片也可发出荧光，因此可能出现假阳性，同时这一技术的复杂性使其只适用于实验室或诊所，很难在临床上作为一种标准的方法推广应用。

四、电镜检查

本法可用于深入研究附红细胞体的形态、结构、增殖特点及其与红细胞膜的关系。在透射电镜下，附红细胞体为大小不等的以球形小体为主的多形性小体，在大附红细胞体上可观察到细长的纤毛，也可观察到其膜上有凸起。在 5 600 倍的扫描电镜下可见大小不一、呈球形的小体，直径在 0.3～1.5 微米，偶见有杆状附红细胞体，可单个或多个呈小团状附着在红细胞表面。附红细胞体寄生在红细胞膜上时可使附着的局部凹陷，个别可使膜表面形成孔洞。附红细胞体是无核、无细胞器的原生体，只有单层膜包裹，可见电子密度大的颗粒状物无规则分布在胞质内。经 48℃恒温加热 5 分钟的红细胞，其上的附红细胞体从深陷于红细胞表面的位置脱离出来，大部分附红细胞体仅通过细的纤丝与红细胞表面未脱离的单个或多个附红细胞体呈串珠状连接，并可见成熟的附红细胞体上有刚出芽的幼稚附红细胞体。在红细胞表面也可观察到大量的比纤丝稍大的游离端钝圆的杆状物质。

五、补体结合试验

1958 年 Splittre 首先用补体结合试验诊断猪附红细胞体病,病猪出现症状后的 1～7 天呈阳性反应,但 2～3 周后即转为阴性,因此用于诊断急性发病猪效果较好,但慢性发病猪均呈阴性反应。Schuller W 等用补体结合试验和酶联免疫吸附试验检测了人工感染附红细胞体病猪血液中的抗体滴度。结果表明,脾切除的猪只比脾未切除的猪只具有较高的抗体滴度,而且维持时间较长。由于检测抗体的滴度变异较大,以上两种方法适合对猪群进行检测,而对单个猪只的检测效果不理想。

六、间接血凝试验

康复猪血清可以凝集猪附红细胞体,这为本病的诊断提供了一个新的诊断方法,改变了过去单纯用显微镜检查很容易出现的人为观察差异而造成的误诊。间接血凝实验可用来检测感染情况,因其测定的为 IgM 抗体而非 IgG 抗体,出现阴性不能说明未感染。Smith 于 1975 年首先用本方法检测血清中的附红细胞体抗体,并将间接血凝试验滴度达到 1∶40 定为阳性。本法灵敏度较高,能检出补体结合反应转阴后的耐过猪。BaljerG 检测了 10 头脾切除和非脾切除的实验感染猪附红细胞体的猪血液,在感染后 80～290 天所有的猪都用间接血凝试验检测了抗体,仅 1 头猪在潜伏感染时产生了可测定的抗体,急性感染猪抗体滴度达到 1∶640。最大的免疫反应持续 2 个月,且在 2～3 个月降到我们可测定的抗体水平以下。结果表明在隐性感染时,基本不产生抗体,急性感染时,抗体升高,持续 2 个月后降到最低,然后随着临床症状的重现而再次上升。本方法特异性较强，准确性也较高，可检测出隐性感染的猪只，但灵敏度较差，检出率较低。

七、酶联免疫吸附试验

用酶联免疫吸附试验诊断附红细胞体病是近几十年才发展起来的。1986 年 Lang 等用去掉绵羊红细胞的绵羊附红细胞体纯化抗原作为 ELISA 抗原，用 ELISA 方法检测了羊血清中的附红细胞体抗体，认为本法的敏感性较间接血凝试验高 8 倍。1992 年 Hus F S 等发展了一种测定附红细胞体的 ELISA 方法，与间接血凝实验结果进行比较分析，两者之间差异显著，ELISA 方法被认为是一种敏感、快速、特异的检测方法，对于迅速有效地诊断附红细胞体感染非常有用。Hoelzle L E 等(2006)对猪附红细胞体的血清学诊断方法进行了改进，用间接 ELISA 和免疫杂交试验法对附红细胞体感染猪只血液中 8 种特异性抗原(p33、p40、p45、p57、p61、p70、p73 和 p83)刺激所产生的特异性免疫球蛋白进行检测，结果发现特异性抗体 IgG 从感染第十四天出现，持续到第九十八天，检出率为 100%。本方法大大提高了血清学诊断的准确度，是一种快速、有效的诊断猪附红细胞体病的新方法。韩惠瑛等(2005)建立了辣根过氧化物酶标记葡萄球菌 A 蛋白(SPA)取代酶标第二抗体进行 ELISA 检测猪附红细胞体的 PPA-ELISA，敏感性和特异性好，可用于实验室诊断。张守发(2006)建立了一种检测猪附红细胞体抗体的 Dot-ELISA 方法，并确定了试验程序中最适抗原包被浓度、被检血清最适稀释度等工作条件，特异性和重复性试验结果表明，所建立的 Dot-ELISA 不与猪瘟等常见猪病阳性血清发生交叉反应，且稳定性高；用所建立的 Dot-ELISA 与 IHA 试验对 70 头份被检血清进行平行检测，阳性率分别为90%和60%；对20份阳性血清进行检测，平均抗体滴度分别为1∶1 012和1∶160，表明所建立的Dot-ELISA是一种比较敏感、特异和稳定的血清学检测方法，可用于猪附红细胞体的抗体检测和疾病诊断。

八、分子生物学诊断

随着分子生物学的广泛应用，20世纪90年代以来，国外先后报道了猪、猫、鼠等动物附红细胞体的分子检测方法，包括以下几种。

(一)DNA探针法(DNA探针杂交试验)

1. DNA重组探针技术 OberstR. D等(1990)首先建立了DNA探针杂交技术，用于附红细胞体隐性感染的诊断。他们从感染猪附红细胞体的血液中提取DNA，用P^{32}-dCTP标记，制备成探针。用HindⅢ和EcoRⅠ两种酶对猪附红细胞体的DNA进行酶切，用噬菌体λgtⅡ构建DNA基因文库，将样本DNA用免疫印迹转移到尼龙膜上，与标记好的探针进行杂交，结果发现其与猪附红细胞体感染血样DNA杂交，而与马附红细胞体阳性血样DNA、感染边缘边虫牛血液DNA、感染埃里希氏犬血液DNA、感染血巴尔通氏体猫血液DNA和对照猪血液DNA不发生交叉反应，只有感染猪附红细胞体血样检测到很强的杂交信号，特异性非常好，可以特异地检测出猪附红细胞体。同时也发现，本法的敏感性较低，感染7天后才能检出，因此不适用于猪附红细胞体的早期诊断。

2. DNA杂交技术 1990年OberstR. D等用高浓度盐溶液处理技术从被感染猪的全血中分离得到了大量纯化的附红细胞体DNA，分离到高质量的纯的猪附红细胞体DNA，并用限制性内切酶消化后溶解于琼脂糖凝胶，作为 DNA 杂交法检测猪附红细胞体的探针，将待测血样与之杂交，用全基因组 DNA 作为杂交探针来检测被寄生的猪，且不与未感染猪附红细胞体的血所抽提的 DNA 反应，可以区分未感染的、对照组和感染附红细胞体的 3 种猪血样。后来他们又用 PCR 方法扩增猪附红细胞体的特异性 DNA 序列，以 KSU-2 为探针对脾切除和脾未切除的试验感染猪血液进行杂交检测。结果表明，脾未切除的试验猪只，在感染 24 小时内，经 PCR 检测后即可被检测出来。接着，他们(1993)又用 PCR/DNA 杂交法对俄亥拉荷马州 2 起自然暴发附红细胞体病的猪血液进行了检测，与其他常用的猪附红细胞体实验室检测方法相比，本方法检测速度快、结果可靠，并可区分感染的不同地理区域性。

3. 原位杂交技术　Gwaltney S M 等(1993)将 KSU-2 重组探针用于 DNA 原位杂交试验，并结合免疫金标记技术，配合发送电镜观察来诊断猪附红细胞体病，获得了猪附红细胞体生活不同时期的动态变化模式。Ha S K 等(2005)将试验脾切除猪分成 A、B 两组，每组 8 头，A 组腹腔注射 6 毫升附红细胞体感染猪的血液，B 组腹腔注射 6 毫升未感染猪的血液，用非放射性地高辛对 DNA 探针进行标记，并于接种后的第三、第七、第十五和第三十天从每组中各取 1 头猪剖杀后取血液进行原位杂交检测。A 组猪杂交信号于接种后第三天即可检测出，B 组(阴性对照组)猪检测不到杂交信号。另外，本方法还可对感染附红细胞体病猪的组织在固定、包埋后进行检测，这对研究猪附红细胞体病的发病机制有着重要的意义。

(二)特异 PCR 检测　聚合酶链式反应诊断技术的建立为猪附红细胞体病的特异性诊断、流行病学调查以及疾病的监控和预防提供了一种有效的手段。附红细胞体基因的酶切图谱分析，为寻找特异性基因片段，进行克隆与表达提供科学的依据，也必将为今后开展本病的分子生物学研究奠定一定的基础。

聚合酶链式反应最早于 1985 年由美国人类基因学会(ASHG)年会在 DNA 片段扩增工作的研究中得以描述，由此开始在各个相关领域得到了迅速而广泛的研究，现已成为一个世界性的前沿课题。PCR 是一种通过体外重复 DNA 合成方法扩增特殊核苷酸序列的一种体外诊断方法，目前已广泛应用于水的微生物检测、基因失调、多种恶性疾病和许多感染性疾病的研究，许多有轻微差别疾病的诊断也可通过 PCR 方法在相对短的时间内得出结论。PCR 技术具有快速、灵敏、特异性强等一系列优点，它能大量扩增低拷贝甚至是单拷贝基因序列，很容易被琼脂糖凝胶电泳和 Southrenblot 杂交检测。Messick 等根据猪附红细胞体 16S rRNA 基因序列，已经建立了 PCR 检测方法，本方法与其他微生物均无交叉反应，不仅特异性强，灵敏性高，也为了解基因结构等后续研究打下了基础。

(三)定量 PCR 检测 随着研究的深入，定量检测对弄清病原的致病机制和疾病的防治具有重要意义。

定量 PCR 技术是指以外参或内参为标准，通过对 PCR 终产物的分析或 PCR 过程的监测，进行 PCR 起始模板量的定量。定量 PCR 需要设立一个内参，从而 PCR 反应体系中任何因素的影响都是平行的，目的基因和内参基因的 PCR 产物可以在电泳时分开。另外，实施定量 PCR 检测还可以检测附红细胞体在体内的动态变化，从而与临床症状和血液理化指标的变化关系相结合，可以用来评价药物的治疗效果，是一种快速而灵敏的检测方法。

(四)基因芯片检测 基因芯片(Gene chip)又称 DNA 芯片,是将许多特定的寡核苷酸片段或基因片段作为探针,有规律地排列固定于支持物上,与带有荧光标记的分子按碱基配对原理进行杂交,再通过荧光检测系统等对芯片进行扫描,并配以计算机系统对每一探针上的荧光信号进行比较和检测,从而迅速得出所要的信息。基因芯片在疾病的临床诊断方面具有独特的优势,与传统检测方法相比,它可以在一张芯片同时平行对多个样本进行检测,无须机体免疫应答反应期,能及早诊断,待测样品用量小,能特异性检测病原。目前,采用基因芯片检测附红细胞体病还没有得到广泛的应用,但这种方法具有其他几种检测方法无法代替的优势。

九、生物学和动物学诊断

Splitter (1950)和 Smith AR (1975)利用切除脾脏的猪进行人工感染试验,直到现在诊断性脾切除术仍被认为是诊断猪附红细胞体感染最确实的方法,但本方法不适用于群体诊断。此外,用疑似患附红细胞体病的人、畜血液接种于健康小动物(如小鼠,兔,鸡等)或鸡胚,接种后观察其表现,并采血检查附红细胞体,也是一种较好的诊断方法,具有一定的辅助诊断意义,但用此法诊断耗时较长。Buguowski H 等用感染附红细胞体的全血接种到显微镜检查附红细胞体阴性的无特定病原初生小猪,复制了临床上、细菌显微镜检查、组织学、生物化学、病理解剖学与自然发病一样的猪附红细胞体病,发现这种方法也是另外一种以实验动物为基础的生物学诊断方法。

第四节　鉴别诊断

根据流行病学、临床症状、病理剖检可初步诊断本病，确诊需进行实验室检查。猪附红细胞体病常与弓形虫、副伤寒杆菌、大肠杆菌、链球菌、温和性猪瘟病毒以及其他一些病原微生物等继发或混合感染而发病。如有下列症状出现，应考虑混合感染：体温达 40℃～42℃，呈稽留热型；耳、鼻镜、腹下、四肢皮肤出现红斑；黄疸、贫血；使用常规药物治疗无效。猪瘟、猪肺疫、仔猪副伤寒等病病程一长，皮肤就会出现出血斑点，而本病以高热、贫血和耳郭边缘发绀为特征。

一、与猪瘟的鉴别诊断

猪附红细胞体病与猪瘟由于都有高热、便秘、贫血和皮肤颜色变化等特征，因而在发病初期很难做出准确的临床诊断。在没有实验检测手段的情况下，只有到病的中、后期或通过剖检变化才能对两者进行鉴别。以肥育猪为例，从皮肤颜色变化上，两者都有暗紫色淤血，但仔细观察，如果发现在腹下、会阴部、两后腿内侧有出血斑点的多为猪瘟；目前慢性猪瘟贫血和黏膜黄染不是很明显，而附红细胞体病的黄染则很明显。猪瘟除便秘外，一般都排暗绿色的稀便，而附红细胞体病多表现为便秘，粪便带有黏液或鲜红色的血液。慢性附红细胞体病后期体温可能在 39.5℃左右，而猪瘟一般高热不退。从剖检病变观察，如淋巴结、肾脏、膀胱和喉头黏膜的出血，脾脏边缘有出血性梗死，回盲瓣有纽扣状溃疡，再结合临床症状，基本上可诊断为猪瘟；而附红细胞体病肾脏也可能有出血变化，但不是出血点，而是边缘呈锯齿状的出血斑，而且颜色也不是土黄色，而是一侧肾脏为暗紫色，另一侧肾脏为浅橘黄色，一般没有内脏出血变化。

二、与猪繁殖与呼吸综合征的鉴别诊断

两者均有类似猪流行性感冒的症状，妊娠母猪在妊娠100天左右突然出现厌食；体温高或低；鼻流清涕，鼻端、耳尖发凉，喜卧嗜睡。

不同之处是猪繁殖与呼吸综合征病猪耳尖、耳边缘呈现蓝紫色，个别猪鼻端瘙痒，鼻盘擦地，极度不安；临产母猪多数死亡，或超过预产期，阴门流出褐白色黏稠性分泌物；屡配不孕，配后个别流产，能产出弱仔猪，不到24小时便死亡；个别仔猪呼吸困难，耳、鼻盘呈蓝紫色，多数死亡；断奶后50～60天的仔猪也有少数出现蓝耳现象，2天后消退。

三、与猪传染性胸膜肺炎的鉴别诊断

两者体温均高(40.2℃～42.7℃)，呼吸困难，呈犬坐姿势；耳、鼻、四肢皮肤呈紫蓝色；剖检可见肺泡与肺间质水肿等。

不同之处是猪传染性胸膜肺炎多发生于4～5月份和9～11月份，以6周龄至6月龄多发；从口、鼻流出泡沫样血色分泌物；病料涂片染色镜检，可见革兰氏阴性小杆菌，菌体表面附有荚膜；抗生素药物及时治疗有效。

四、与弓形虫病的鉴别诊断

两者体温均高(40℃～42℃)，食欲减退或废绝；精神委顿；粪初干，后干稀交替；呼吸浅快或困难；耳、下肢、下腹皮肤可见紫红色斑等。

不同之处是猪弓形虫病病猪流水样鼻液；虫体侵害脑部时有癫痫样痉挛，后躯麻痹；剖检可见肺脏呈淡红色或橙黄色，膨大，有光泽，表面有出血点；肠系膜淋巴结髓样肿胀，如粗绳索样，切面有粟粒大的出血点；回盲瓣有点状浅表性溃疡，盲肠、结肠可见到散在小指大和中心凹陷的溃疡；将病料涂片或压片后染色、镜检，可发现半月形或月牙状的弓形虫；磺胺类药物治疗有效。

五、与猪流行性感冒的鉴别诊断

两种疾病的共同点是均可表现呼吸道症状；部分病例表现局部或全身皮肤发紫；患猪均表现发热、厌食、精神沉郁等症状。

不同点可见以下几方面。

（一）流行病学　附红细胞体病主要发生在蚊、蝇较多的夏、秋季节，而猪流行性感冒则以冬、春季节多发；附红细胞体病以 15～60 日龄的仔猪（包括哺乳仔猪和断奶仔猪）发病为主，而猪流行性感冒各种年龄的猪均可发生；目前猪附红细胞体病以各地散发为主，而猪流行性感冒则以局部地区的暴发和流行为主，往往呈突然发病，发病率在 30%～80%不等。

（二）临床症状　猪流行性感冒呼吸道症状比较明显，且以咳嗽、腹式呼吸为主，而附红细胞体病呼吸道症状则比较缓和；猪附红细胞体病除呼吸道症状之外以贫血为主，表现皮肤苍白、背毛逆立，生长迟缓，而猪流行性感冒则无此症状。

六、与猪肺疫的鉴别诊断

两者相似之处是体温均高（41℃～42℃）；耳、胸前、腹下、股内侧皮肤紫红；气喘，呼吸困难，呈犬坐姿势等。

不同之处是咽喉型猪巴氏杆菌病病猪咽喉部肿胀，口流涎，流鼻液；喉部及其周围结缔组织有出血性浆液浸润。胸膜肺炎型肺脏呈纤维性肺炎变化，切面有大理石纹；血液涂片镜检，可见两极浓染椭圆形短杆菌；抗生素药物及时治疗有效。

七、与猪支原体肺炎的鉴别诊断

两者相似之处是均有传染性气喘，呼吸困难，体温高(40℃以上)等。

不同之处是猪支原体肺炎病猪有时咳嗽；X线检查肺部有不规则絮状渗出性阴影；抗生素药物及时治疗有一定疗效。

八、与猪焦虫病的鉴别诊断

两者相似之处是体温均高(40.2℃～42.7℃)，食欲减退或废绝；眼结膜苍白、黄染；腹式呼吸，喘息；剖检可见皮下脂肪黄染，血液稀薄，凝固不良；心肌质软色淡，冠状脂肪胶冻样变性；脾脏呈暗红色，有出血点；肺脏有水肿等。

不同之处是猪焦虫病肺部听诊有啰音(口哨音、漱口音)；后期腹泻，呈黄红色，有消化不全的食物残渣；部分病猪尿液呈茶色；四肢关节肿大；腹下水肿；全身肌肉出血，肩、背、腰部呈黑红色糜烂状；胃肠炎性出血，黏膜易脱落；血液检查红细胞内有圆形、环形、椭圆形、单梨或双梨状虫体存在；用血虫净治疗有效。

第七章　猪附红细胞体病的预防与治疗

第一节　猪附红细胞体病的预防

猪附红细胞体是一种寄生于猪血液、骨髓中的血液微生物。据尚德秋等调查，在我国大部分猪场的猪体内都含有附红细胞体，只是数量多少的差异。

K. Heinritz 等认为这种微生物类似于机体内的正常菌群，在正常状态下，它与机体形成一个相对稳定的平衡，但当外界条件或自身免疫能力下降时，这种平衡被破坏，附红细胞体发生大量增殖，从而引起猪附红细胞体病。由于附红细胞体在体外难以培养，所以疫苗的研制进展比较缓慢，对本病的预防至今为止还未见专用疫苗出现的报道。因此，对猪附红细胞体病的防治应将支持疗法和预防性措施结合起来。为了有效地防治猪附红细胞体病，阻断猪群中病原的传播途径、防止再次感染都很重要。

第一，新建或准备再养猪的猪场一定要彻底清扫圈舍，并反复消毒。

第二，坚持自繁自养，严格把好进出检疫关。未发病猪场应坚持自繁自养，选育不携带猪附红细胞体的种猪。如需从外地引种（包括精液）时，在引进前应严格检疫，并隔离观察至少 1 个月，在此期间分别在第一、第五、第十、第二十、第三十天采血镜检，若完全为阴性，则可以与其他猪合群饲养。一旦发现阳性猪应及时隔离，做好无害化处理，并对全群猪只采取防治措施。

第三，切断动物传播途径。夏、秋季必须搞好消灭蚊、蝇的工作，根据实际情况适当改造猪舍，将猪舍敞口处装上细孔防蚊纱窗，防止蚊、蝇乱飞，这样可以极大降低吸血昆虫传播附红细胞体病的机会；定期使用药物（如阿维菌素、依维菌素、丙硫咪唑等）驱除猪体内、外寄生虫；坚持每月灭鼠 1 次；养猪场禁养其他动物如羊、禽类等，看护犬要定期进行药物预防。

第四，杜绝机械传播途径。在疫苗接种、疫病治疗需要注射时应准备足够针头，保证每只猪换一次针头。在打耳号、阉割、外科手术时应当每完成一头猪都要对器械进行完全消毒，减少本病原的血源性传播。

第五，加强饲养管理，确保全价营养，对仔猪注意通风保温，避免猪只过于拥挤和饲料突然改变等应激因素的出现。冬季运输车辆要有保温设施，猪的密度不要太大，以防拥挤过热造成感冒。改善猪群的饲养管理条件，增强机体的抵抗力，减少不利因素的影响，做好粪便的清理、消毒、通风等卫生工作。

第六，有条件的疫区、场，可对种猪进行附红细胞体的全面普查检疫，并根据检验结果分群饲养，进而逐步培养和扩大健康群，淘汰缩小病猪群，最终实现康复区、场。鉴于本病尚无特效药物预防，采取培养阴性核心猪群，建立无特定病原场，是切断垂直传播链条的根本措施。

第七，对发病猪实行隔离，加强对猪舍的消毒，对病死猪和粪便进行无害化处理。用含有碘的消毒液消毒具有良好的效果。

第八，药物预防，在发病季节或对可疑感染猪可以进行预防性给药。仔猪根据体重肌内注射右旋糖酐铁200～300毫克、土霉素100～300毫克，15天后再注射同剂量铁制剂1次即可；妊娠母猪、哺乳母猪日粮中添加对氨基苯砷酸钠200毫克/千克，连用1个月，母猪产前注射土霉素或喂服四环素，能防止母猪发病，并对仔猪起到预防作用；群体预防时，用呼喘平（盐酸强力霉素）拌料，每500～800千克饲料中拌入100克，或按0.4%的比例在饲料中添加土霉素原粉，或于每吨饲料中添加强力霉素300克和对氨基苯砷酸钠200克或土霉素600克，连用5～7天，间隔15日后，再用1周；在饲料中添加土霉素或强力霉素（150毫克/千克），同时用多维葡萄糖饮水，连用3天，可减轻对自养猪的危害，降低病猪的死亡率；也可在每吨饲料中加入2千克土霉素，连喂3～7天，然后停3～5天后减至每吨饲料中加1千克再喂1周。

第二节　猪附红细胞体病的治疗

猪附红细胞体病的临床诊断和治疗报道较多，有研究表明附红细胞体在体内的骨髓中增殖，然后被释放到血液中，因此很多有效药物无法彻底杀灭附红细胞体，一旦停药，就会复发，这给附红细胞体病的防治带来很大困难，也给评价药物对附红细胞体的治疗效果带来许多主观臆断。目前，用于治疗猪附红细胞体病的药物虽然有多种，但是真正特效并能将其完全消除的药物还没有，每一种药物对病程较长和症状严重的猪效果都不好，这就需要在治疗时几种药物同时配合使用。

目前，治疗猪附红细胞体病比较有效的药物有贝尼尔、新砷凡纳明、对氨基苯砷酸钠、土霉素、盐酸咪唑苯脲、氯苯胍、四环素和一些中药制剂等。近期的药敏和治疗性试验表明，四环素、土霉素和金霉素对多种患畜的附红细胞体病有显著疗效，而且可以预防本病的发生。例如，贝尼尔、盐酸吖啶黄对猪、犬、牛的附红细胞体病治愈率很高；新砷凡纳明治疗猪附红细胞体病效果虽好，但副作用大，目前较少使用。上述药物能控制疫情，但不能彻底杀灭附红细胞体。

在实际治疗过程中，除了使用上述药物外，还应配合补液、强心、健胃、导泻等对症辅助性综合治疗。发生本病时，应及时隔离，单独治疗。加强饲养管理，减少各种应激，以提高疗效，避免继发感染和再次感染。

一、临床上治疗猪附红细胞体病的常用西药

(一)贝尼尔　又名三氮脒、血虫净，是一种常用的抗梨形虫药。本药呈金黄色结晶粉末，易溶于水，遇日光变色，常用作肌内注射。治疗附红细胞体病时，本药可使发病猪的贫血、黄疸、发热以及腹泻、精神沉郁等临床症状恢复到正常状态，但由于药物的刺激作用和副作用较大，治疗量也可能出现不良反应，如轻微肌颤、流涎、腹痛等，可用安乃近或阿托品解救。如果用于妊娠母猪，常常造成流产或繁殖障碍；大剂量应用于发病猪，常引起发病猪的死亡，因此使用时一定要注意用药的剂量和次数。另外，随着贝尼尔的频繁和长期应用，附红细胞体对其已产生了耐药性，使其治疗效果较以前有所下降。原来猪每千克体重深部肌内注射 5 毫克，连续使用 2～3 次即可取得满意疗效，但是现在需适当加大使用量和延长治疗时间方能取得一定疗效。据临床试验，猪每千克体重 7 毫克，每日 1 次，连用 3～5 天，早期治疗可取得良好疗效，但后期治疗效果较差。由于现在附红细胞体病大多情况下呈混合感染，

故在应用贝尼尔治疗的同时,应在确诊基础上,结合其他药物进行治疗。必要时采取退热、强心、补液等对症治疗措施,从而提高治愈率。

(二)四环素类药物 主要有土霉素、强力霉素、金霉素、四环素等,这些药物在附红细胞体病的治疗过程中经常用到。与贝尼尔一样,由于经常使用,附红细胞体对四环素类药物也产生了抗药性,使疗效随之逐渐下降。现在主要与其他治疗药物联合治疗,方能取得良好疗效。据临床试验表明,10%盐酸土霉素每千克体重0.2毫升深部肌内注射,每日1次,连用3天,与贝尼尔结合使用治疗猪附红细胞体病,疗效较好。在饲料中添加适量土霉素,也可在一定程度上降低猪附红细胞体病的发生率,但不能有效地防止本病发生。强力霉素对于治疗猪附红细胞体病也有很好的疗效,通过对长效土霉素、强力霉素和贝尼尔疗效的比较试验表明:三种药物都能对猪附红细胞体病进行有效的治疗,但强力霉素在疗效、治疗时间和防治其他细菌继发感染上优于贝尼尔和长效土霉素,在治疗猪附红细胞体病时,疗效迅速,用药后可在短时间内发挥其药效作用,使较高感染率在2天内迅速降低,对高感染率猪群,它可以快速使病情稳定。

(三)盐酸吖啶黄 又称黄色素,治疗猪附红细胞体病有效,但使用时应注意控制剂量,减少毒性反应。本品对肝脏、肾脏损害作用较强,故一般用药不可超过2次,每次间隔1~2日,患肝病、肾病的猪只禁用。

(四)新砷凡纳明(九一四) 本品对处于发病早期的猪附红细胞体病治疗效果较好,对慢性病例只能减轻症状而不能根治。应用此药后,猪、牛等动物可能会出现兴奋不安、全身出汗、脉搏增数、肌肉震颤、后肢无力和腹痛等不良反应,一般经1～2小时后自然消失。使用本药中毒时可用二巯基丙醇、二巯基丙磺酸钠等解毒。

(五)对氨基苯砷酸(阿散酸) 有机砷制剂,为白色晶体粉末,用于拌料,临床上治疗猪附红细胞体病效果较差,现在主要用于预防。混饲每吨饲料用45～90克(以对氨基苯砷酸计)。因砷有较强毒性,故在应用时应严格控制剂量。

(六)治疗疟疾类药物 经研究表明,人医上大部分治疗疟疾的药物在杀灭疟原虫的同时,对附红细胞体也有杀灭和抑制作用,这些药物近几年开始逐渐应用于兽医临床来治疗附红细胞体病。常用药物包括磷酸氯喹、磷酸哌喹、乙胺嘧啶、青蒿素、蒿甲醚等,这些药物治疗猪附红细胞体病均有效,但是在临床上要注意控制剂量,以减少毒性反应。

(七)咪唑苯脲 以前常用于治疗梨形虫,现在用于治疗附红细胞体病,效果良好,是一种很有前途的新型治疗附红细胞体病的药物。据临床试验表明,咪唑苯脲每千克体重深部肌内注射2毫克,每日1次,连用2～3天,疗效良好,但也要注意控制剂量,防止中毒。

(八)磺胺间甲氧嘧啶 临床上本品治疗弓形虫、球虫等原虫病效果较好,但对猪附红细胞体病基本无效,而且有资料报道,磺胺类药物在一定条件下可能有助于附红细胞体的繁殖,在治疗附红细胞体病时还可能加重病情。但是由于附红细胞体在临床上多与弓形虫、链球菌等病混合感染,故在治疗时,许多兽药商品制剂多在治疗附红细胞体药物中加入磺胺间甲氧嘧啶。临床上本品可配合其他治疗附红细胞体药物,用于治疗混合和继发感染,以提高疗效。需要指出的是,磺胺间甲氧嘧啶长期或高剂量利用可能引起家畜消化功能障碍和肝肾损害,表现食欲下降和血尿等症状,因此连续应用以不超过10天为宜，且在用时应配合使用碳酸氢钠，以减轻其毒性反应。

(九)附红贝尼尔 主要成分为盐酸多西环素、二丙酸双脒苯脲、伊阿诺曼菌素，为治疗牛、羊、猪、犬、猫附红细胞体病、弓形虫病、链球菌病、猪丹毒、猪李氏杆菌病等的特效药。肌内注射，1次量，每千克体重牛0.025毫升；羊、猪0.05毫升；犬、猫、兔0.1毫升，每日1次，连用2天，重症者可酌情加用1次。

二、不同种类和年龄猪附红细胞体病的治疗措施

如发现公猪性欲下降或精液质量下降，建议肌内注射长效土霉素，每次注射10～15毫升，每月注射2～3次，并与贝尼尔交替使用，贝尼尔的注射剂量是1克/次，每月注射2次，每次注射时同时肌内注射维生素B_{12} 10～15毫升。1个疗程为2～3个月，然后视公猪情况决定是否进行第二个疗程的治疗。治疗时加喂补血的添加剂，有助于公猪康复。

如发现母猪产弱仔比例上升，建议在临产前30天开始注射长效土霉素，每次10～15毫升，每周注射1次，连续4～5次。如果发现母猪分娩后无乳，又没有进行产前处理，应立即注射长效土霉素，连用2天，同时注射“动物增乳注射剂”，每次5毫升，连续注射1～3次，隔日或每日注射。同时饲喂补血添加剂，以加快母猪康复。

建议在妊娠21天至105天的母猪饲料中添加砷酸，每吨添加90克，如有必要可于哺乳母猪饲料中每吨添加45克砷酸。

对于确诊阳性感染的母猪群给予每吨饲料180克砷酸，

连续使用1周，之后调整剂量为每吨饲料添加90克，连续使用3周。砷剂或砷酸的使用切不可随意提高剂量，以防猪只中毒，并且注意在治疗期间，给予猪只充分的饮水。也可在母猪饲料中添加土霉素800克/吨，连续使用4周，停4周后再继续使用4周。

对弱小的仔猪以及有明显临床症状的仔猪可注射长效土霉素，每头2毫升，每日1次，连续注射1～3次。发病猪场的仔猪可将产后注射1次补血针改为注射2次，即于第一次注射后间隔7～10日再注射1次，每头2毫升。必要时在饲料中添加0.1%～0.3%的对氨基苯砷酸钠或土霉素，连续用药7～14天，同时添加补血添加剂和含有益生菌的添加剂，以利于仔猪康复。

有贫血症状的仔猪可注射土霉素，按每千克体重10毫克，连用4天，或注射长效土霉素，隔日注射1次，连用3次。对1～2日龄的仔猪予以肌内注射200毫克铁剂和25毫克土霉素，并于2周龄时再以同样剂量补注1次。对于断奶10天后的小猪可于饮水中添加砷剂或水溶性的土霉素来治疗。

育成猪治疗时可用0.1%～0.3%对氨基苯砷酸钠和0.1%～0.2%土霉素交替混饲，连续用药7～14天后停药7天，然后根据病情决定是否进行下一个疗程的治疗。本病发病时期，应禁用免疫抑制剂，如地塞米松等，否则会加剧病情，造成死亡。慎用解热药，如安乃近等。

对于皮肤苍白、黄疸严重的猪只，配合分点肌内注射右旋糖酐铁500～1 000毫克，效果较好。

三、猪附红细胞体病的中药治疗措施

现代医学认为，本病为附红细胞体寄生于人、畜红细胞和血浆中所致，中医理论认为本病系感受外邪，燔灼气血所致，且多与寄生虫病、细菌病和病毒病等混合感染，单发病例很少。

处方一：水牛角（切碎）120 克，黑栀子 90 克，桔梗 30 克，知母 30 克，赤芍 30 克，生地 30 克，玄参 90 克，连翘 60 克，鲜竹叶 30 克，丹皮 30 克，紫草 30 克，生石膏 240 克，加水 5 000 毫升，煎开 20 分钟取汁分成 2 份，按 10～20 毫升/千克体重的剂量，于早、晚拌于饲料中进行饲喂。药渣加入 1 000 毫升水煎开 20 分钟后，取汁擦洗猪全身。

本方在传统名方“清瘟败毒饮”基础上，加入紫草，减去黄连，凉血解毒透斑，主治一切火热之证。

处方二：土茯苓 60 克，麻黄 20 克，商陆 60 克，红花 60 克，文火炒至微焦黄，趁热倒入 1 000 毫升米酒（酒精度在 50%以上）中，瓶装密封 3 天后即可使用。按 10～20 毫升/千克体重取药酒加热至 40℃左右，空腹灌服，服药后 2 个小时内禁止进食、饮水、淋水，尽量避免吹风。早、晚各用 1 次，连用 3 天。

药酒法即为中医的内毒外逼法，控制好药酒的用量是关键所在，一般以生猪喂药半个小时后神昏似醉、遍体微汗为度。

处方三：取青蒿 1 克/千克体重，1 次煎服，每日 1 次，连用 3～4 天。也可用青蒿粉碎后混入饲料喂猪进行预防，配合比例为每吨饲料添加 10～15 千克，全群饲喂 1 周。

青蒿苦寒、有清热和截虐等功效，对猪附红细胞体也有抑制作用，可减弱血虫活力，使红细胞变形相对减少，具标（退热）本（抑虫）兼治之效。

处方四：白头翁 500 克，党参 200 克，炒白术 150 克，茯苓

100 克，炙甘草 100 克，加水浸泡 1 小时，先煎 2 次，然后合并 2 次煎液，浓缩至 2 000 毫升，每头体重 40 千克的猪空腹用胃管投服 200 毫升，每日 1 次，连用 3 天。

本方为白头翁四君子汤的 10 倍量，猪附红细胞体病多体温升高，用白头翁以清热、凉血、解毒；四君子汤由党参、炒白术、茯苓和炙甘草组成，为益气健脾经典方剂，具有促进骨髓造血功能，加速红细胞生成，使已紊乱的胃肠功能恢复正常；提高肝脏糖原，抗休克，增加能量；加强机体免疫功能，抗脂质过氧化和自由基等作用。

处方五：青蒿 500 克，党参 200 克，炒白术 150 克，茯苓 100 克，炙甘草 100 克，加水浸泡 1 小时，先煎 2 次，合并 2 次煎液，浓缩至 2 000 毫升，每头体重 40 千克的猪空腹胃管投服 200 毫升，每日 1 次，连用 3 天。

本方为青蒿四君子汤的 10 倍量，青蒿具有明显的抗原虫作用，也是治疗疟疾和抗动物血吸虫、华支睾吸虫的特效药，故选用青蒿作为治疗附红细胞体病的药物。有实验研究表明，治疗后第七天附红细胞体感染率显著降低，其减少率为 83.99%，证明青蒿具有显著的抗附红细胞体作用。

处方六：柴胡 200 克，生地 200 克，玄参 200 克，丹皮 200 克，赤芍 200 克，黄芩 150 克，杏仁 150 克，石膏 400 克，荆芥 150 克，薄荷 150 克，银花 150 克，连翘 150 克，板蓝根 200 克，甘草 50 克，加水浸泡 1 小时，先煎 2 次，合并 2 次煎液，浓缩至 2 000 毫升，每头体重 40 千克的猪空腹胃管投服 200 毫升，每日 1 次，连用 3 天。

本方是丹皮生地散的 10 倍量，主要由清热凉血、解毒退黄药组成，用于治疗猪附红细胞体病，其感染率明显减轻，减少率为 59.02%。

处方七:熟地 50 克,当归 25 克,白术 25 克,党参 25 克,茯苓 50 克,甘草 10 克,白芍 20 克,川芎 15 克,共研为细末,母猪 2 天服 1 剂,断奶仔猪每次 25 克,每日 2 次拌食。

处方八:首乌 60 克,红黏土(去沙)30 克,红糖 15 克,共研为细末,分 2 次混于稀粥内,让仔猪自由舔食,连用 7~10 天,此方为 10 头仔猪 1 天的剂量。

处方九:鲜猪血(煮熟晒干)适量,新鲜鱼粉、煅牡蛎壳、食盐少许,共研为细末,拌料饲喂。仔猪每次喂 3~9 克,连用 1 个月。

处方十:熟地 30 克,当归 15 克,白术 15 克,党参 15 克,云苓 30 克,首乌 30 克,黄芪 15 克,共研为细末,分 2 天拌料饲喂。

处方十一:茯苓 30 克,白术 30 克,当归 60 克,生地 60 克,槟榔 50 克,使君子 30 克,甘草 10 克,加水 1 000 毫升,浓煎成 200 毫升,加入红糖 50 克。每千克体重 1 次内服 3~5 毫升,每日 2 次。本方有补气健脾、生血和驱虫作用。

处方十二:当归 30 克,红参 3 克,白术 15 克,生地 15 克,煎汤 1 次灌服。

处方十三:黄芪 13 克,甘草 15 克,生地 15 克,龙胆 13 克,当归 15 克,党参 10 克,茵陈 15 克,苍术 13 克,煎汤灌服。此剂量适用于体重 25 千克的猪。

处方十四:熟地、白术、党参、茯苓、神曲、厚朴、山楂各 10 克,煎汤 1 次灌服。

处方十五:硫酸亚铁 5 克,酵母粉 10 克,混合后分成 10 包,每日 1 包,拌料饲喂。需要注意的是,过量摄入铁对猪有一定毒性,所以应严格控制用量,一般用于母猪饲料中的硫酸亚铁应在 0.5%以下。

处方十六：当归 20 克，黄芪 50 克，生地 20 克，茯苓 50 克，生姜 10 克，水煎 1 次灌服。

四、猪附红细胞体病与其他疾病混合或继发感染后的治疗措施

(一)与猪繁殖与呼吸综合征混合感染的治疗 对已发病的猪采用注射治疗效果比较好。每日用黄金 1 号(即双黄连注射液，四川精华药业生产)按 0.1 毫升/千克体重分点注射，每日 1 次，连用 3 天。对于食欲废绝但呼吸症状较平稳的猪，先静脉注射 0.5%葡萄糖生理盐水 500 毫升、复合维生素 B 10 毫升、头孢王 25～35 毫克/千克体重，配合抗病毒药物，另外肌内注射维生素 C 10 毫升。体温较高者可任意选择以下方案进行治疗：黄金 1 号 10 毫升；血虫快好(中药制剂)肌内注射，每千克体重 0.1 毫升，每日 1 次；强力附红消(中药制剂)肌内注射，每千克体重 0.1 毫升，每日 1 次，配合齐鲁制菌磺肌内注射，每千克体重 0.2～0.3 毫升，每隔 2 日注射 1 次；富络欣(氟苯尼考)肌内注射，每千克体重 0.2～0.4 毫升，每 2 日注射 1 次。

(二)与猪瘟混合感染的治疗 加强饲养管理，搞好环境消毒，将育成饲料更换为仔猪饲料，并在饲料中添加适量电解多维，增强猪只抵抗力。可用中药方剂清瘟败毒饮治疗，取生石膏 24 克，生地黄 6 克，水牛角 12 克，黄连 5 克，栀子 6 克，牡丹皮 5 克，黄芩 5 克，赤芍 5 克，玄参 5 克，知母 6 克，连翘 6 克，桔梗 5 克，甘草 3 克，淡竹叶 5 克，水煎灌服，每日 1 剂，连用 3～5 天。同时，采用 10 倍剂量的猪瘟单苗进行紧急预防接种。选用长效土霉素或血虫净深部肌内注射，长效土霉素应连续使用 3～5 天，血虫净按 5 毫克/千克体重，稀释成 5%

的浓度进行深部肌内注射。对于高热不退但未出现酱红色尿液的猪，每日上午应用新感清 15 克、强效阿莫仙 1 支和血虫净 1 支（首次 2 支），下午应用长效土霉素 2 毫升，连续用药 3 天。对于高热并排酱红色尿液的猪，每日用糖盐水 50 毫升、强效阿莫仙 1 支、地塞米松 2 支、维生素 C 10 毫升、三磷酸腺苷 2 支、辅酶 A 2 支，前 3 天配合应用碳酸氢钠 50 毫升，连续用药 5 天。

（三）与弓形虫病混合感染的治疗　可选用天安金针（三氮脒与磺胺间甲氧嘧啶钠等复合制剂）按 0.1～0.2 毫升/千克体重的剂量肌内注射（首次用量加倍），每隔 24 小时使用 1 次，连用 2～3 次。对个别出现心力衰竭、体温下降的病猪，配合强心、补液等药物对症治疗。对于食欲废绝的猪，用 10% 葡萄糖注射液、肌苷、维生素 B_1、维生素 B_{12} 按常规剂量静脉注射，以改善胃肠功能。

对病猪进行治疗的同时，对同群肥育猪饲料中每吨添加磺胺间甲氧嘧啶 500 克，甲氧苄氨嘧啶 100 克，碳酸氢钠 500 克和土霉素碱 500 克，连续饲喂 5 天；在仔猪料中每吨添加对氨基苯砷酸 100 克；母猪饲料中每吨添加强力霉素 300 克。

对于病愈后贫血严重的猪，可肌内注射牲血素，仔猪每头每次 2 毫升，肥育猪每头每次 5 毫升，隔 1 周后再注射 1 次。仔猪出生后 1 天、7 天和断奶当日可注射 20% 长效土霉素和牲血素；母猪可于产前 2～3 天和分娩后各注射 20% 长效土霉素 15～20 毫升/次，对于预防混合感染和其他疾病均有作用。

（四）继发链球菌病的治疗

中药治疗：栀子 80 克，知母 40 克，桔梗 40 克，黄连 20 克，赤芍 30 克，生地黄 40 克，黄柏 20 克，玄参 90 克，连翘 40

克，鲜竹叶40克，蒲公英40克，紫草30克，甘草20克，丹皮30克，槟榔30克，山楂100克，生石膏20克，贯众30克。上述药物加水5 000毫升，煎沸20分钟后取汁，按每千克体重10～20毫升灌服。

西药治疗：对病猪连续3～5天肌内注射复方头孢氨苄（主要成分是头孢氨苄、舒巴金坦钠），并在饲料中添加新砷凡纳明或附红康等抗附红细胞体药物；用青霉素、链霉素、安乃近进行肌内注射，同时另侧注射磺胺嘧啶钠注射液，每日2次，连用3天。隔离饲养出现临床症状的猪，可应用氨苄青霉素钠（钾）3万单位/千克体重，以灭菌生理盐水溶解后肌内注射，每日3次。同时，用新砷凡纳明按25毫克/千克体重剂量，溶解于葡萄糖生理盐水中，静脉注射，每隔2日重复使用1次，连用2次。

（五）与圆环病毒病混合感染的治疗

方法1：按常规剂量将阿维菌素拌入饲料中1次喂服，再将磺胺间甲氧嘧啶钠和青霉素按常规剂量拌入饲料中，连续喂服3～5天；还可肌内注射红链速克（石家庄丰强药业生产，主要成分为多西环素和免疫多糖），每千克体重0.1毫升，每日1次，连用3天。

对于有咳嗽、气喘症状的猪可用黄芪多糖溶液和阿奇霉素，按标准剂量注射，每日1次，连用3天；体温高的猪可用安痛定溶解血虫净，按标准剂量注射，每日1次，连用3天；粪便较干的猪可口服人工盐50克，用于缓泻，每日1次，连用2天。

方法2：采用磺胺间甲氧嘧啶钠注射液按每千克体重0.15毫升剂量，肌内注射，每日1次，连用3天。

复方鱼腥草注射液（河南洛阳奔鹿药业有限公司生产），按每千克体重0.2毫升，肌内注射，每日2次，连用5天。

黄芪多糖注射液，按每千克体重0.15毫升，肌内注射，连用5天。

10%安那咖注射液，按每千克体重0.1毫升，肌内注射，每日1次，连用3天。

（六）继发猪肺疫的治疗 将氨苄青霉素钠（钾）按3万单位/千克体重剂量，用灭菌生理盐水溶解后肌内注射，每日使用3次。同时，将新砷凡纳明25毫克溶解于葡萄糖生理盐水中，静脉注射，每隔1～2天重复1次，连用2～3次，首次使用时要注射铁剂1～2毫升/头。在所有猪的饲料中添加氧四环素600毫克/千克，进行预防治疗。

（七）继发传染性胸膜肺炎的治疗 以体重60千克的猪为例，可取人工盐20克，10%大黄苏打粉60克，温水2000毫升，混合后用胃管1次灌服，每日1次，连用3天。

用先锋西林（主要成分为青霉素钾）按每千克体重25毫克剂量，配合安痛定20毫升、地塞米松10毫克，肌内注射，每日2次，连用5天。

用复方磺胺对甲氧嘧啶钠注射液按每千克体重0.1毫升剂量静脉注射，每日1次，连用3天。

全群加喂磺胺间甲氧嘧啶粉，10克/100千克体重，每日2次，连用5天。

（八）与猪轮状病毒混合感染的治疗 土霉素，15～20毫克/千克体重·次，每日2次，肌内注射，可连续使用；强力霉素，0.1克/千克体重，内服，连用3～5天。同时，配合口服补液盐，配制方法是：取氯化钠4.5克、碳酸氢钠2.5克、氯化钾1.5克、葡萄糖20克，充分溶解于1000毫升蒸馏水中即可。有饮欲的猪自由饮用，不能饮水的进行灌服。轻度、中度脱水的猪连饮4～6天，重度脱水的猪连饮7～10天。

(九)仔猪附红细胞体病与猪链球菌病、猪瘟混合感染的治疗 每吨全价饲料中添加泰妙菌素 130 克、阿莫西林 200 克、多西环素 200 克，连用 5 天。中药可用板蓝根 10 克，柴胡 5 克，黄芪 5 克，金银花 5 克，甘草 5 克，水煎灌服，药渣拌料，每日 1 剂，连用 3 天。全群用猪白细胞干扰素按 2 万单位/头，肌内注射。

(十)与猪流行性感冒混合感染的治疗 磺胺间甲氧嘧啶注射液按 50 毫克/千克体重剂量，肌内注射，每日 1 次，连用 3 天；乳酸环丙沙星注射液按 2.5 毫克/千克体重，肌内注射，每日 2 次，连用 3 天；血虫净用注射用水配成 5%水溶液，臀部深层肌内注射，隔日 1 次，连用 3 次。大便干燥、排便困难者用温水灌肠，或在水中加适量硫酸钠，以软化粪便，促进肠蠕动，排出粪便；食欲不振者，可注射复合维生素 B 注射液，每日 1 次，连用 3 天；食欲废绝者，耳静脉注射葡萄糖生理盐水，并辅以适量维生素 C，增加机体抗病能力，预防脱水死亡。

(十一)继发猪支原体肺炎的治疗 对发病猪用硫酸卡那霉素 15 毫克/千克体重、林可霉素 10 毫克/千克体重，混合肌内注射，每日 1 次，连用 5 天即可康复。按每千克体重 2 万单位剂量，每日肌内注射 1 次猪喘平，连用 5 天。若发现用药同时气喘加剧，可在正常用药间隔期内，肌内注射鱼腥草注射液 10 毫升/日，每日 1 次，连用 3 天，可减轻气喘的程度。全群注射强化血虫净，每千克体重 3～5 毫克，每日 1 次，连用 3～5 天。药物预防可在全群猪饲料中拌入 0.2%土霉素粉，连用 3～5 天。

(十二)与圆环病毒、猪繁殖与呼吸综合征病毒、猪链球菌混合感染的治疗 改进猪场免疫程序，对全场猪(含商品猪)加强猪繁殖与呼吸综合征、猪链球菌的疫苗接种工作。用血虫净，每千克体重使用5～10毫克，用生理盐水稀释成5%溶液，分点肌内注射，每日1次，连用3天。

做好猪群平时的药物预防工作，控制细菌继发感染，在饲料中添加土霉素、强力霉素添加剂，并用阿莫西林配合饮水饲喂。

(十三)与猪副嗜血杆菌混合感染的治疗 发病后立即隔离和治疗病猪，死猪做无害化处理，圈舍用2%烧碱或天王星消毒液消毒，每日1次，连用7天。对病猪可上午肌内注射新砷凡纳明注射液(或贝尼尔)0.2毫升/千克体重·次，每日1次，下午肌内注射恩诺沙星注射液0.1毫升/千克体重·次，每日1次，同时配合中药制剂双黄连针剂或清热解毒针剂，连用3～5天。大群可于饲料中拌服阿莫西林、病毒灵等。此外，应加强饲养管理，保持圈舍清洁干燥，给予易消化且富含维生素的青绿多汁饲料，减少应激。

参考文献

1 许耀臣．猪附红细胞体病流行病调查及防治[J]. 中国兽医杂志,2001,37(3):14～15

2 吴雅玲．附红细胞体病．青海畜牧兽医杂志[J],2001,31(4):47～48

3 K Hemritzi 著,潘保良译．附红细胞体病 [J]. 养猪,2002,4:41～44

4 华修国．动物附红细胞体形态结构的研究[J]. 上海农学院学报,1998,16:184～188

5 李秀敏．人畜共患附红细胞体病的研究现状[J]. 当代畜牧,1998,1:3～4

6 刘兴发．附红细胞体人畜感染及传播途径的调查[J]. 中国兽医杂志,1997,23(10):23～24

7 华修国．上海首次发现仔猪附红细胞体病[J]. 上海农学院学报,1992,10(2):71～73

8 周向阳．附红细胞体对某警犬群及有关人员感染调查．中国人兽共患病杂志[J],2000,16(5):99～100

9 马海利．猪附红细胞体病研究进展[J]. 动物医学进展,2003,24(3):28～31

10 查红波．猪附红细胞体病的研究进展[J]. 畜牧兽医科技信息,2002,18(9):6～9

11 陆宙光．对附红细胞体生物学特性的研究[J]. 中国人兽共患病杂志,1998,14(2):54

12　侯顺利．家兔附红细胞体感染率的调查[J]. 黑龙江畜牧兽医,1999,5:20～21

13　华修国．附红细胞体及附红细胞体病的研究现状和展望[J]. 上海农学院学报,1992,10(2):171～178

14　陈永耀．猪附红细胞体病病原学研究[J]. 河南职技师院报,2001,29(2):33～34

15　王森．猪附红细胞体病综合防治技术[J]. 动物科学与动物医学,2003,2:62～63

16　黄光红．动物附红细胞体病[J]. 当代畜牧,1997,(1):27～32

17　韩惠瑛等．猪附红细胞体 PPA-ELISA 检测方法的建立[J]. 中国兽医科技,2005,35(1):45～51

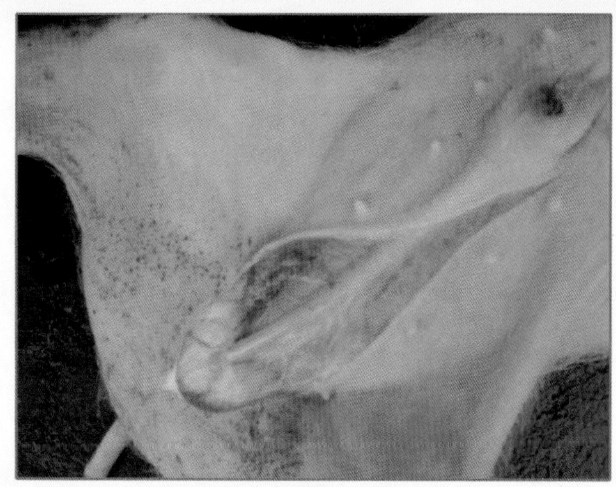

腹股沟淋巴
结肿大出血

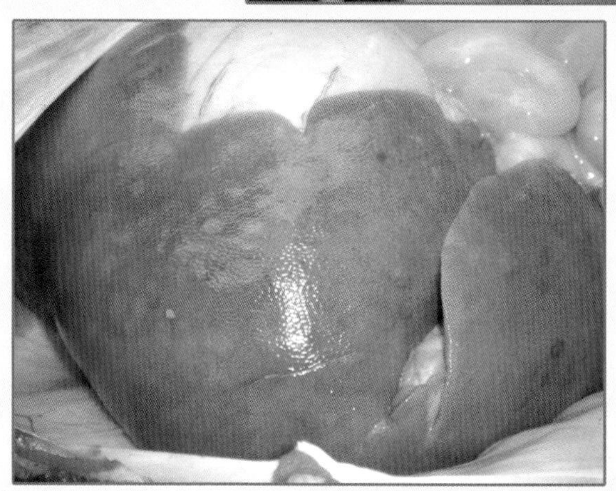

肝脏黄疸和肿大

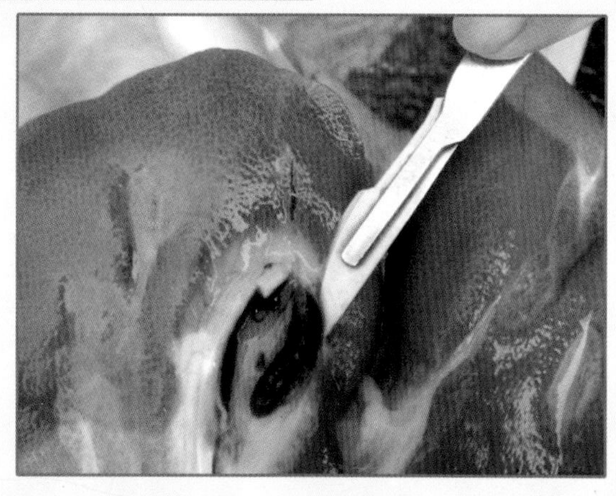

胆汁浓稠

（本书彩色图片均由广东省佛山科学技术学院白挨泉提供）

责任编辑：孙　悦　封面设计：侯少民

畜禽流行病防治丛书

猪附红细胞体病及其防治

ISBN 978-7-5082-4525-6
S·1482　定价:7.00 元

●赵春光 编著

JIEYUEXING YANGBIE XINJISHU

节约型养鳖新技术

金盾出版社
JINDUN CHUBANSHE

中华鳖（日本品系）

东南亚鳖

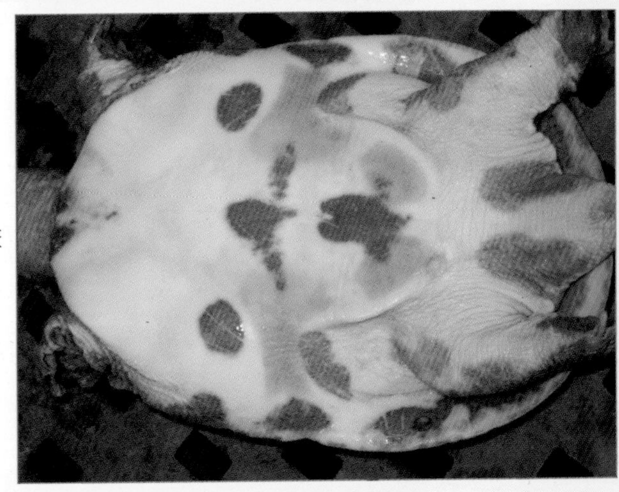

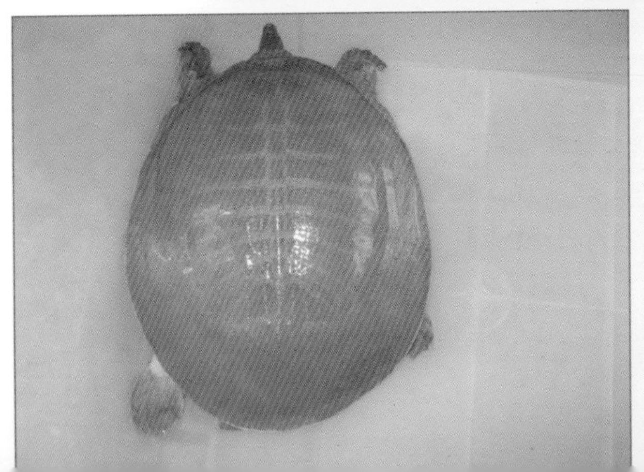

黄沙鳖